安阳工学院博士科研启动项目，项目名称：金属氧化物材料的制备及气敏性能研究，

项目编号：BSJ2023008

安阳工学院博士启动金项目，项目编号：BSJ2021008

河南省教育厅高校重点科研项目，项目编号：23A150048

河南省自然科学青年基金，项目编号：232300420391

氧化钛基纳米结构的表界面调控及其 VOCs 气敏性能研究

赵 丹 著

U0322767

北方联合出版传媒（集团）股份有限公司

辽宁科学技术出版社

图书在版编目（CIP）数据

氧化钛基纳米结构的表界面调控及其VOCs气敏性能研究 / 赵丹著. — 沈阳 : 辽宁科学技术出版社, 2024.3
ISBN 978-7-5591-3401-1

Ⅰ.①氧… Ⅱ.①赵… Ⅲ.①化学传感器 — 研究
Ⅳ.①TP212.2

中国国家版本馆CIP数据核字(2024)第022195号

出版发行：辽宁科学技术出版社
　　　　　（地址：沈阳市和平区十一纬路 25 号 邮编：110003）
印　刷　者：河北万卷印刷有限公司
经　销　者：各地新华书店
幅面尺寸：170 mm × 240 mm
印　　张：14.75
字　　数：205 千字
出版时间：2024 年 3 月第 1 版
印刷时间：2024 年 3 月第 1 次印刷
责任编辑：凌　敏
封面设计：寒　露
版式设计：寒　露
责任校对：高雪坤

书　　号：ISBN 978-7-5591-3401-1
定　　价：98.00 元

联系电话：024-23284363
邮购热线：024-23284502
E-mail：lingmin19@163.com

前　言

随着环境污染问题的日益严重，基于金属氧化物半导体微米、纳米材料的气体传感器的研究受到了广泛的关注。这种传感器能够检测污染大气环境的有机挥发性气体（volatile organic compounds, VOCs）。因为 TiO_2 材料具有稳定的物理化学特性和对 VOCs 气体较好的气敏性能，所以 TiO_2 材料成了目前被研究的主要气敏材料之一，但相对较高的工作温度和检测限限制了其在实际检测环境中的应用。本书试图利用简单的一步水热法，通过对不同离子液体的使用，对 TiO_2 材料表面进行调控，从而增大材料的导电性、材料的表面吸附氧含量、合成富含氧空位型 TiO_2，以及暴露 TiO_2 材料的活性晶面，从而降低材料的工作温度，提高 VOCs 气体检测的灵敏度并缩短响应时间。本书研究的内容主要包括以下几个部分。

第一，笔者以乙酰丙酮氧化钛（Ⅳ）为原料，以正丁醇、水和冰乙酸为溶剂，通过使用简单的无模板溶热法在不额外添加碳源的情况下制备了直径为 30 ± 8 nm 的 C-TiO_2 纳米粒子。C-TiO_2 传感器在 170 ℃的最佳工作温度下对不同碳链的醇类气体表现出优异的气敏性能。特别是，传感器响应随着碳链长度（从 C1 到 C5）的增加而增加。该传感器对 100 ppm 正戊醇的响应灵敏度为 11.12，是纯锐钛矿相 TiO_2 的 5.4 倍。此外，笔者还利用了理论计算、X 射线光电子能谱法、气相色谱法、气相色谱-质谱法等技术来探索 C-TiO_2 气体传感器对正戊醇气体的气敏机理，推测出正戊醇气体被氧化成中间产物正戊醛并最终分解成二氧化碳和水。

第二，笔者通过离子液体 1- 十二烷基 -3- 甲基咪唑六氟磷酸盐（$[C_{12}mim][PF_6]$）辅助水热法合成了 $Ti_2O(PO_4)_2$ 复合的二维 TiO_2 纳米片材料。纳米片的结构可以通过添加不同量的离子液体来进行调节。利用该复合纳米片材料制备的气体传感器对三甲胺气体具有高响应（S=87.46）、快响应速度（14.6 s）和良好的重现性，且该传感器具有较低的最佳工作温度（170 ℃）。与纯相 TiO_2 传感器相比，复合材料传感器的气敏性能明显增强，对 0.2 ～ 500 ppm 浓度的三甲胺气体具有很好的线性关系，检测下限为 0.2 ppm。笔者通过分析材料表面吸附氧含量的变化并进一步结合 X 射线光电子能谱法和气相色谱法，分析传感器与三甲胺接触后的气态产物的变化，探究了三甲胺气体的气敏机理。

第三，笔者以离子液体 1- 十六烷基 -3- 甲基咪唑溴盐（$[C_{16}mim][Br]$）作为形貌调节剂，采用一步水热法制备了具有氧空位的球形 TiO_2 纳米材料。该传感器在最佳工作温度 170 ℃下对异丙胺气体表现出良好的选择性、抗湿性和长期稳定性，异丙胺气体的检测下限可以达到 0.2 ppm，这对于气体残留物的检测具有巨大的实用价值。传感器优异的气敏性能主要归功于材料表面形成了丰富的氧空位，大大增加了对气体分子的吸附能力。这种新的传感器设计策略为扩大非金属元素掺杂的金属氧化物半导体的应用提供了参考。

第四，笔者以离子液体 1- 丁基 -3- 甲基咪唑四氟硼酸盐（$[Bmim][BF_4]$）作为氟源和形貌调节剂，通过控制水热反应条件制备了粒径 < 50 nm 的（001）和（101）面共暴露的 TiO_2 纳米立方体。由于活性（001）面的暴露，该传感器在较低的工作温度下（170 ℃）对丙酮气体具有良好的气体响应，对 100 ppm 丙酮气体的响应时间仅为 2.2 s，检测下限低至 30 ppb，而且该传感器还具有相对优异的选择性、重现性、抗湿性和长期稳定性。这种基于 TiO_2 纳米立方体的传感器在实际检测中能够鉴别健康人和糖尿病患者的呼出气，这也为糖尿病患者的早期无痛诊断提供了极大的便利。

目　录

1　绪论

1.1 引言

近年来，轻工业、重工业快速发展，虽然为人们带来了巨大的经济效益，但也产生了大量有机挥发性气体（volatile organic compounds, VOCs），严重污染了环境。根据世界卫生组织的定义，VOCs 为常温下沸点在 50 ~ 260 ℃的各种有机化合物。VOCs 种类繁多，按照其性质一般可分为烷烃、烯烃、炔烃等非甲烷碳氢化合物，醛、酮、醇、醚等含氧有机化合物，以及卤代烃、含氮有机化合物、含硫有机化合物等几大类。VOCs 具有毒性和易燃易爆性，也是室内空气污染物的主要成分。它的存在不仅会慢性侵蚀着人们的身体健康，而且会给整个工作、生活环境带来巨大的安全隐患，是危害人类健康甚至导致可怕疾病的原因之一 [1-3]。

例如，丙酮（C_3H_6O）是工业和实验室中常用的试剂，对人类健康有极大危害，吸入会严重刺激眼睛、鼻子和喉咙。暴露于 300 ~ 500 ppm 丙酮下 5 min 可能会对人体产生轻微刺激，长时间接触高浓度丙酮会导致口腔干燥、疲劳、头痛、恶心、头晕、肌肉无力、言语协调能力丧失和嗜睡，直接摄入可导致头痛、头晕和皮炎。因此，人们有必要对环境中的丙酮含量进行严密监控。丙酮还是 1 型糖尿病的一种选择性呼吸标志物，由肝细胞通过过量乙酰辅酶的脱羧作用产生。健康人呼吸产生的丙酮浓度在 300 ~ 900 ppb，而糖尿病患者呼气中产生的丙酮浓度则超过 1800 ppb，这表明对患者血液的葡萄糖监测可以通过检测呼出气来代替 [4]。

胺类气体，如三甲胺在室温下是一种无色、有气味的气体，对人体的眼睛、鼻子、喉咙和呼吸道有强烈的刺激作用。它也是由海鲜产品加工腐烂过程中的三甲胺氧化物分解产生的，当三甲胺浓度超过 10 ppm 时，海鲜产品被认为是"腐烂"的。因此，对低浓度的三甲胺检测是保证人体和食品安全的重要策略 [5]。

除此之外，醇类是一类具有特征气味、易燃、具有刺激性、易挥发、有麻醉作用的液体，广泛用作溶剂、有机合成中间体和萃取剂，大量存在于工业废液中。当醇类液体用作涂料和树脂的溶剂时，其挥发出来的气体会释放到空气中，对人体健康产生严重危害。当长期暴露于醇类气体环境中，这可能导致中枢神经系统抑制、皮肤刺激和严重的眼睛刺激。最常见的症状是头痛、头晕、嗜睡、皮炎，以及眼睛、鼻子和喉咙的不适。挥发性和易燃性醇类气体与空气混合时会引起气体爆炸 [6-7]。因此开发智能、高效、低成本的 VOCs 气体监测系统不仅有利于环境保护，更有利于保障生命财产安全。

目前，能够实现室内空气监测的设备主要包括一些传感器和气相色谱仪、质谱仪、光谱仪等。虽然它们的检测结果精度较高，但难免存在耗时较长、成本较高、样品前处理复杂且通常只能检测一种气体等问题 [8]。因此，为了解决这一问题，人们投入了大量精力开发一种相对较为简单快捷的气体传感器，使其能够以智能方式对 VOCs 气体进行现场检测。自 20 世纪 60 年代金属氧化物半导体的气敏性能得到证实以来，基于金属氧化物半导体的气体传感器引起了广泛关注。金属氧化物半导体气体传感器是一种固态电阻式气体传感器，其凭借制作方法简单、成本低廉、灵敏度较高、体积小便于携带、长期稳定性较好等优良性能脱颖而出，长期以来被认为在有毒、易爆气体的报警、空气质量检测、环境监测、运输、国防安全、工业生产上监测有害 VOCs 气体，以及呼吸气体医学诊断等方面具有较好的发展前景 [9-10]，成为近年来检测 VOCs 气体的最热门候选者。目前，常见的气体传感器材料主要有氧化锌 [11-12]、二氧化锡 [13]、二氧化钛 [14-15]、三氧化二铁 [16-17]、三氧化钨 [18]、三氧化钼 [19-20]、氧化铟 [21-23]、四氧化三钴 [24]、氧化铜 [25]、氧化镍 [26] 等，其中二氧化钛

（TiO_2）是一种典型的 n 型金属氧化物半导体材料，凭借其成本低、易于合成、物理化学性质稳定等特点，目前已被广泛应用于太阳能电池[27]、光催化[28]、锂离子电池[29, 30]、超级电容器[31]，以及气/湿敏传感器[32]。但 TiO_2 作为常见的气敏材料，与其他金属氧化物敏感材料一样存在工作温度高、选择性差，以及对低浓度气体的灵敏度低等[4]问题，这大大阻碍了气体传感器的进一步实用化[33]。目前，TiO_2 的结构主要包括 3 种类型，即锐钛矿相、金红石相和板钛矿相。锐钛矿相和金红石相的带隙分别为 3.2 eV 和 3.0 eV，然而带隙的差异主要归因于晶格结构的不同。根据 Wulff 理论，锐钛矿相 TiO_2 的理论形状应是一个截断八面体，即 8 个（101）面暴露在表面，而 2 个（001）面暴露在顶部/底部上，并且锐钛矿相 TiO_2 的平均表面能为 0.90 $J \cdot m^{-2}$，远高于（001）（0.44 $J \cdot m^{-2}$）[34]。这表明锐钛矿相 TiO_2（101）面是热力学最稳定晶面，而（001）面是最活跃晶面[35]。

1.2 提高 TiO_2 基气体传感器气敏性能的方法

为了提升 TiO_2 材料的气敏性能，人们研究开发了几种方法对其进行改性：通过合成小尺寸或具有多级结构的 TiO_2 纳米材料来增加气体与材料的作用面积，从而提高材料的气敏性能；通过引入具有催化活性的贵金属与 TiO_2 材料复合来提高材料的气敏性能；通过金属或非金属元素在 TiO_2 材料中掺杂来提高材料的气敏性能；通过金属氧化物与 TiO_2 材料复合形成异质结，从而提高材料的气敏性能；通过将材料表面形成氧空位及使材料的活性晶面暴露来提高材料的气敏性能。

1.2.1 小尺寸／多级结构 TiO_2 的设计合成

目前，单一金属氧化物气体传感器在低浓度气体检测、选择性、快速响应、长期稳定性和较低工作温度检测方面仍存在问题。为了克服以上问题并提高气敏性能，人们需要对金属氧化物气体传感器进行改性。纳米材料由于其结构可控（纳米棒 [36]、纳米线 [37]、纳米片 [38-39]、纳米管 [40]、纳米带 [41]、纳米花 [42]）、尺寸较小，因而是目前提高金属氧化物气体传感器性能的有效材料之一。这主要是由于增大了材料的比表面积，且大的空隙有利于气体吸附，增加材料与气体的作用面积。例如，Wang 等 [43] 采用水热法和煅烧法合成了由薄纳米片组成的三维分层花状 TiO_2 纳米材料，将该材料进行场发射扫描电子显微镜检测（见图 1-1）。Wang 等研究人员继续并将该材料应用于室温乙醇气体检测，得到了 TiO_2 花状结构对不同浓度乙醇（10 ～ 500 ppm）的动态响应和恢复曲线（见图 1-2）。该传感器具有选择性高、稳定性好、响应快、恢复快、室温下对乙醇气体重现性好等优良的传感特性。

Li 等 [44] 通过水热法和浸渍法制备了以 TiO_2 树枝状结构为传感材料的气体传感器并在树枝状形貌的主干、分支接触界面上形成了同质结。测试结果发现，传感器可以在室温下进行检测，当暴露在 1 ppm 浓度 H_2 气氛时，其灵敏度为 $S=31.6\%$，响应时间和恢复时间均约为 10 s。提升材料气敏性能的主要原因是 TiO_2 多级结构形成的同质结导致材料的表面吸附氧含量明显增加。

Tshabalala 等 [45] 通过简单的水热法合成了具有不同形貌（纳米线和纳米花）的 TiO_2 纳米结构，在 25 ℃的最佳工作温度下，该纳米线传感器对 40 ppm CO 的响应更为显著，响应时间和恢复时间分别为 85 s 和 124 s（见图 1-3 ～图 1-5）。该传感器优异的气敏性能主要归因于纳米线较大的比表面积和活性位点。不仅如此，传感器在 25 ℃和 125 ℃的低工作温度下对甲苯（C_7H_8）和二甲苯（C_8H_{10}）气体也具有良好的选择性。

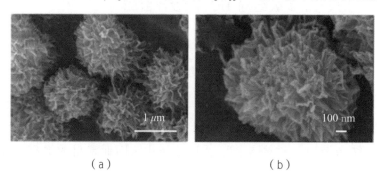

（a）　　　　　　　　　　　　　（b）

图 1-1　TiO$_2$ 花状结构的（a，b）场发射扫描电子显微镜图[44]

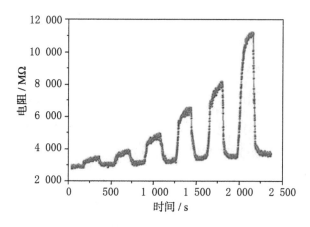

图 1-2　TiO$_2$ 花状结构对不同浓度乙醇（10 ～ 500 ppm）的动态响应和恢复曲线[44]

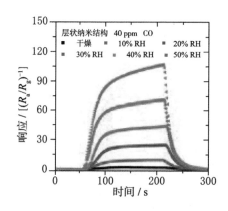

图 1-3　层状纳米结构传感器在 25 ℃ 时对 40 ppm CO 的动态响应[45]

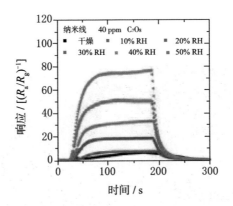

图 1-4 纳米线传感器对 40 ppm C7H8 在 25 ℃ 不同相对湿度下的响应 [45]

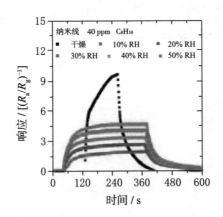

图 1-5 纳米线传感器对 40 ppm C8H10 在 125 ℃ 不同相对湿度下的响应 [45]

1.2.2 碳材料的复合

由于碳材料具有优异的电导率和热导率、比表面积大、化学性质稳定、吸附能力强等特点而受到广泛的关注，人们已将其应用于气体传感器领域，其高载流子迁移率和高载流子密度可以显著提高金属氧化物材料的气敏性能。例如，Li 等 [9] 使用溶剂热法以葡萄糖为碳源，辅助合成了中空碳复合 TiO2 微球（见图 1-6、图 1-7）。Li 等用该微球制得的传感器在低功率紫外光辅助下实现了室温条件下对 ppm 级的甲醛气体高灵

7

敏度和高选择性的检测，且具有较快的响应时间（约 40 s）和恢复时间
（约 50 s）（见图 1-8）。

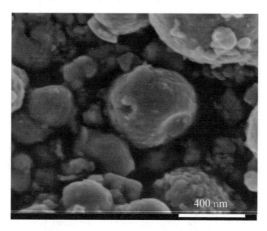

图 1-6 合成的空心 TiO$_2$ 微球的扫描电子显微镜图 [9]

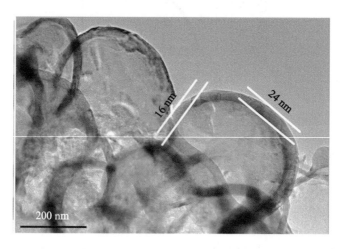

图 1-7 合成的空心 TiO$_2$ 微球的透射电子显微镜图 [9]

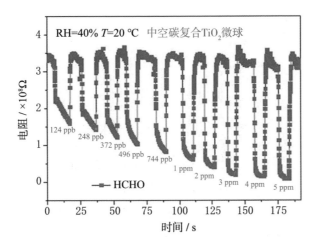

图 1-8 基于中空 TiO$_2$ 纳米材料气体传感器对不同浓度甲醛（124 ppb ~ 5 ppm）
的响应和恢复曲线 [9]

　　Kalidoss 等 [46] 通过溶剂热法合成了氧化石墨烯（graphene oxide,
GO）－二氧化锡－二氧化钛（GO-SnO$_2$-TiO$_2$）三元纳米复合材料，并
将其用于检测低浓度范围内糖尿病患者呼出气中的丙酮气体（见图 1-9、
图 1-10）。Kalidoss 等在不同的工作温度下研究了 GO-SnO$_2$-TiO$_2$ 纳米
复合膜的气体传感性能并确定了最佳工作温度为 200 ℃。与 GO-SnO$_2$ 和
GO-TiO$_2$ 相比，在 0.25 ~ 30 ppm 时，GO-SnO$_2$-TiO$_2$ 传感器对丙酮气
体表现出突出的气敏性能。气敏性能的提升主要归因于材料之间良好的
协同效应以及 SnO$_2$-TiO$_2$ 异质结的作用。

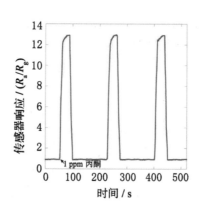

图 1-9　GO-SnO$_2$-TiO$_2$ 对 1 ppm 丙酮气体的重现性 [46]

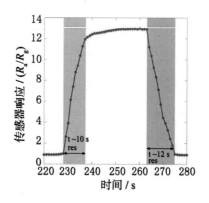

图 1-10　GO-SnO$_2$-TiO$_2$ 对 3 ppm 丙酮气体的重现性 [46]

1.2.3　贵金属的负载

　　此种方法主要通过具有一定的催化活性的贵金属粒子在金属氧化物材料表面的负载，促使金属氧化物粒子与待测气体之间发生反应，从而提高材料的气敏性能。例如，Tomer 等 [47] 通过浸渍法和纳米浇铸工艺合成了 Ag 负载的高度有序介孔 TiO$_2$/SnO$_2$ 纳米复合材料（见图 1-11）。气敏测试结果表明，Ag 负载 TiO$_2$/SnO$_2$ 气体传感器在工作温度 275 ℃的条件下，对 50 ppm 乙醇气体的响应灵敏度为 53，而 TiO$_2$/SnO$_2$ 纳米复合材料的气体传感器在工作温度 275 ℃时对 50 ppm 乙醇气体响应灵敏度仅为 14，由此可以说明，Ag 的负载可以显著提高材料的气敏性能（见图 1-12）。

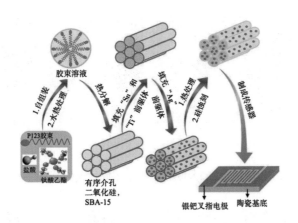

图 1-11　硬模板纳米浇铸法合成的有序介孔 Ag-(TiO₂/SnO₂) 的示意图 [47]

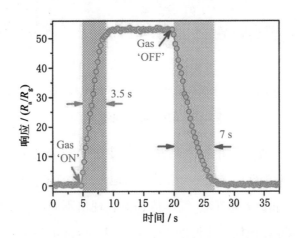

图 1-12　传感器在 275 ℃下对 50 ppm 乙醇的响应和恢复曲线 [47]

Sennik 等 [48] 通过简单的水热法在 Ti 箔上合成蜘蛛网状 TiO₂ 纳米线（见图 1-13），再将 TiO₂ 纳米线与醋酸钯 [Pd(OAc)₂] 在氩气气氛下进行热处理，从而形成 Pd 负载 TiO₂ 纳米线（见图 1-14）。该传感器在

200 ℃时对 5 000 ppm 的乙醇气体的响应灵敏度为 93，而纯相 TiO$_2$ 纳米线对乙醇气体的响应灵敏度很小，Pd 的负载使其对乙醇的响应显著提升（见图 1-15）。

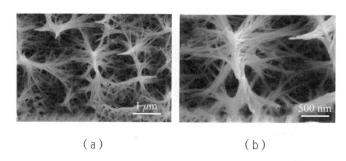

（a）　　　　　　　　（b）

图 1-13　水热法合成的 SWTiO$_2$NWs（a，b）不同放大倍率的扫描电子显微镜图 [48]

（a）　　　　　　　　（b）

图 1-14　水热反应后再通过热蒸发法合成的 Pd-SWTiO$_2$NWs（a，b）
不同放大倍率的扫描电子显微镜图 [48]

Zhang 等 [49] 通过简单的水热法和沉淀法相结合合成了 Au 负载山核桃状多级结构 TiO$_2$，Au 纳米粒子均匀地分布在 TiO$_2$ 材料表面（见图 1-16），不同 Au 负载量 TiO$_2$ 气体传感器表现出不同的气敏性能（见图 1-17）。纯 TiO$_2$ 在最佳工作温度 375 ℃时对 100 ppm 甲苯气体的响应灵敏度仅为 2.3，而当 Au 负载量为 5% 时的 TiO$_2$ 气体传感器对甲苯气体表现出优异的气敏性能，对 100 ppm 甲苯气体灵敏度为 7.3，响应时间 4 s，恢复时间 5 s。

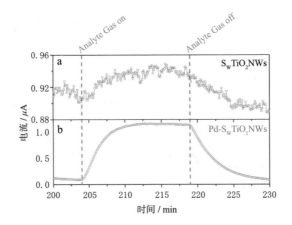

图 1-15 SWTiO₂NWs 传感器（a）和 Pd-SWTiO₂NWs 传感器（b）在 200 ℃ 下对 5 000 ppm 乙醇气体的电流变化与时间的关系 [48]

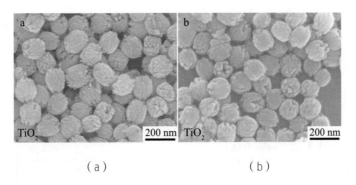

（a）　　　　　　　　　（b）

图 1-16 水热处理（a）和烧结（b）后的 TiO₂ 的扫描电子显微镜图 [49]

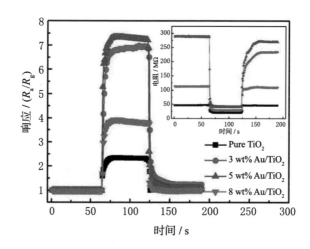

图 1-17　基于纯 TiO_2 和 Au/TiO_2 的传感器对 100 ppm 甲苯的动态响应曲线[49]

Wang 等[50]通过简单的一步水热法合成了银（1～5 mol%）修饰的多孔 TiO_2 纳米颗粒。2 mol% Ag-TiO_2 的传感器对丙酮气体表现出了高的响应值（13.9）、快速的响应时间（11 s）和恢复时间（14 s）、良好的长期稳定性（30 d）和选择性（见图 1-18、图 1-19）。

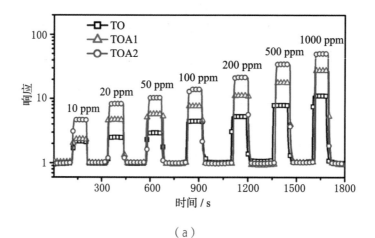

（a）

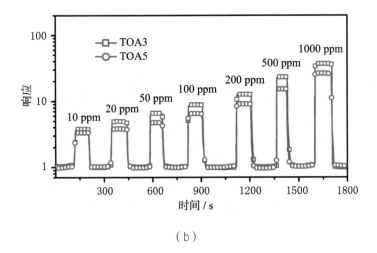

（b）

图 1-18 基于不同 Ag 负载量 TiO₂ 传感器对 10 ~ 1000 ppm 丙酮的动态响应曲线 [50]

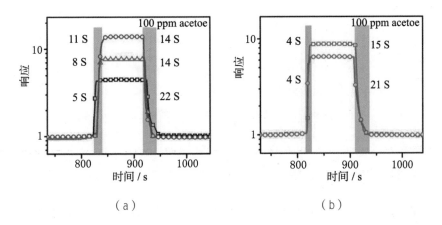

（a）　　　　　　　　　　　（b）

图 1-19 基于不同 Ag 负载量 TiO₂ 传感器对 100 ppm 丙酮的响应时间和恢复时间 [50]

1.2.4　金属元素的掺杂

为了提高 TiO₂ 传感器气敏性能，人们还可将金属离子掺杂到 TiO₂ 晶格中，通过改变晶粒尺寸来降低 TiO₂ 传感器的工作温度和电阻 [51]。例如，Zeng 等 [33] 采用简单的水热法制备了纯相 TiO₂ 和 Nb 掺杂 TiO₂ 薄膜传感器（见图 1-20）。传感器在最佳工作温度 400 ℃时无论测试何种气体，都比由纯 TiO₂ 制备的传感器具有更好的气敏性能，由此推断 TiO₂ 对 VOCs 的传感性能通过金属 Nb 掺杂得到极大改善（见图 1-21）。

（a）　　　　　　　　　　（b）

图 1-20　（a）纯相和（b）Nb 掺杂的 TiO₂ 的扫描电子显微镜图 [33]

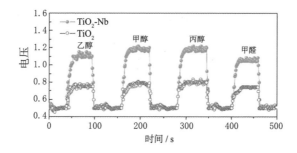

图 1-21　纯相和 Nb 掺杂的 TiO₂ 气体传感器对不同气体的响应和恢复曲线图 [33]

Zeng 等 [51] 通过简单的水热法还合成了 La 掺杂 TiO₂ 纳米带（见图 1-22 ～ 图 1-25）和 La 掺杂 TiO₂ 纳米球材料（见图 1-23）。在 340 ～ 360 ℃，La 掺杂 TiO₂ 纳米带都比 La 掺杂 TiO₂ 纳米球具有更高的气体响应和更低的工作温度，这表明 TiO₂ 的形貌极大影响了传感器的传感性能（见图 1-26）。

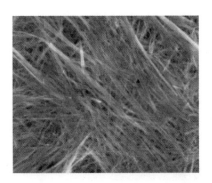

图 1-22　La-TiO$_2$ 的纳米带扫描电子显微镜图 [51]

图 1-23　La-TiO$_2$ 的纳米球扫描电子显微镜图 [51]

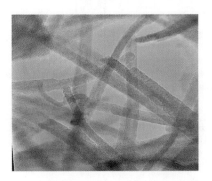

图 1-24　La-TiO$_2$ 的纳米带低分辨率透射电子显微镜图 [51]

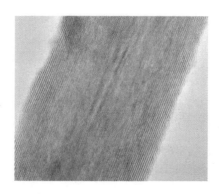

图 1-25　La-TiO$_2$ 的纳米带高分辨率透射电子显微镜图 [51]

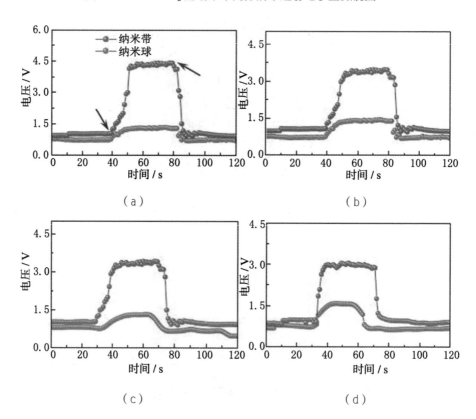

（a）

（b）

（c）

（d）

图 1-26　传感器的响应和恢复特性曲线图 [51]

注：图中分别为（a）乙醇、（b）甲醇、（c）甲醛和（d）丙酮。

1.2.5 非金属元素的掺杂

普通介孔 TiO_2 基传感器的响应和恢复相对较慢（响应时间及恢复时间均大于 10 s），这主要是由于其导电性和吸附能力较差。非金属元素掺杂可以改变 TiO_2 的电子结构并在材料表面产生丰富的缺陷或氧空位，从而增强与气体分子的相互作用。最新研究表明，非金属元素掺杂可以作为设计新一代有前途的 TiO_2 有毒有害气体传感器材料的有效方法[52-55]。

例如，Zhang 等 [56] 通过简单的溶剂蒸发诱导聚集法合成了原位 N 掺杂的有序介孔 TiO_2（见图 1-27 ～图 1-32）。实验所获得的掺 N 介孔 TiO_2 材料的孔径为 6.2 nm，具有较大的比表面积 119 $m^2 \cdot g^{-1}$，大的孔体积 0.160 $cm^3 \cdot g^{-1}$，更有利于气体分子的扩散。实验进一步表征发现氮原子被掺杂到 TiO_2 的晶格中，使材料具有更小的晶粒尺寸和更多的缺陷，这更有利于提高气敏性能。气敏测试结果发现该传感器在 400 ℃工作温度下对 250 ppm 丙酮气体的响应达到 17.6，比未掺杂的纯相 TiO_2 传感器灵敏度高 11.4 倍（250 ppm，S=1.54），响应时间和恢复时间分别仅为 4 s 和 4 s。

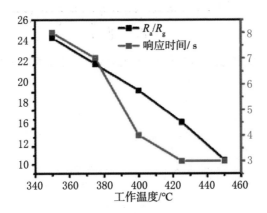

图 1-27　介孔 TiO_2 传感器在不同工作温度（350 ～ 450 ℃）下对 250 ppm

丙酮的响应图 [56]

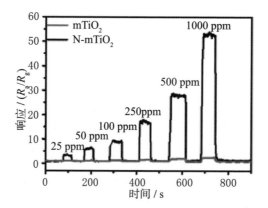

图 1-28　mTiO₂ 传感器和 N-mTiO₂ 传感器对不同浓度丙酮气体的

响应和恢复曲线 [56]

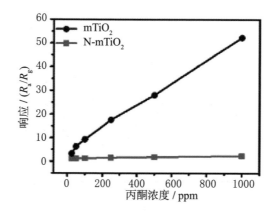

图 1-29　mTiO₂ 传感器和 N-mTiO₂ 传感器对不同浓度丙酮气体的响应图 [56]

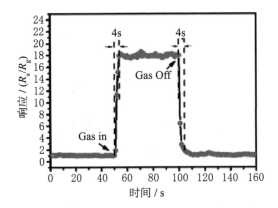

图 1-30 N-mTiO₂ 传感器在 400 °C 对 250 ppm 丙酮气体的动态响应和恢复曲线 [56]

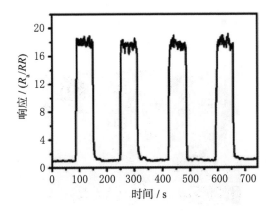

图 1-31 N-mTiO₂ 传感器在 400 °C 对 250 ppm 丙酮气体的重复响应和恢复曲线 [56]

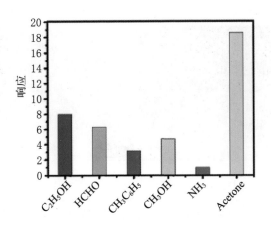

图 1-32 N-mTiO₂ 传感器对多种气体的响应图 [56]

Yan 等[57]通过简单的水热合成法，在 180 ℃下反应 12 h，使用 HF 作为形貌调节剂，可控合成了具有特殊暴露晶面的 C-RGO/TiO$_2$（含 HF）和 N-RGO/TiO$_2$（含 HF）复合材料（见图 1-33、图 1-34 所示）。

气敏测试结果表明，N-RGO/TiO$_2$（含 HF）的气敏性能远远优于 C-RGO/TiO$_2$（含 HF），即 C-RGO/TiO$_2$（含 HF）具有更高的灵敏度、更短的响应时间和恢复时间（见图 1-35、图 1-36 所示）。N-RGO/TiO$_2$（含 HF）的传感器在工作温度为 210 ℃、240 ℃和 270 ℃时分别对异丙醇、乙醇和丙酮气体表现出最高的气体响应，气体的最低检测限为 1 ppm。良好的气敏性能主要归因于暴露晶面使 TiO$_2$ 纳米材料表面产生了大量的电子–空穴对，同时 N 元素的掺杂缩小了 TiO$_2$ 复合材料的带隙，加强了 N-RGO 和 TiO$_2$ 之间的相互作用，有利于电荷分离和电子迁移率的提高。

图 1-33　N-RGO/TiO$_2$（含 HF）的透射电子显微镜图[57]

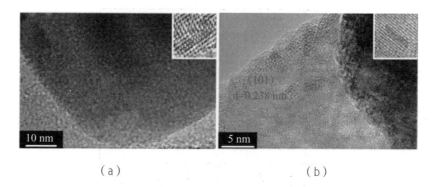

（a）　　　　　　　　　　　　　（b）

图 1-34　N-RGO/TiO$_2$（含 HF）的高分辨率透射电子显微镜图[57]

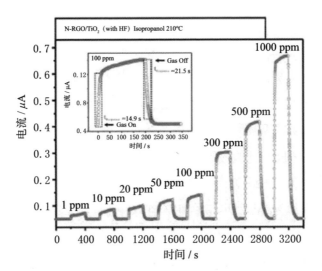

图 1-35　N-RGO/TiO₂（含 HF）在 210 ℃ 下对 1 ～ 1000 ppm 异丙醇气体的
实时响应曲线 [57]

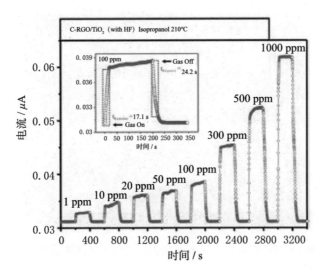

图 1-36　C-RGO/TiO₂（含 HF）在 210 ℃ 下对 1 ～ 1000 ppm 异丙醇气体的
实时响应曲线 [57]

1.2.6 与不同金属化合物的复合

将两种金属氧化物复合可以在材料中引入大量的异质结构，根据金属氧化物的类型，异质结构主要包括 p-n 型异质结和 n-n 型异质结等。异质结的形成更有利于电子的传输，还可以增加表面吸附氧含量，进而获得具有高灵敏度、低检测限和快速响应恢复特性的气体传感器[58]。

（1）p-n 型。Zhao 等[59]采用简单的水热法合成了一维 MoS$_2$ 修饰 TiO$_2$ 纳米管气体传感器，将其应用于乙醇气体检测（见图 1-37、图 1-38 所示）。纯相 TiO$_2$ 纳米管传感器对乙醇气体表现出 n 型响应，而 MoS$_2$-TiO$_2$ 复合物则表现出 p 型响应，且对乙醇气体的响应灵敏度提高了近 11 倍，这主要是 p-n 异质结的形成使气敏性能得到了大幅度提升（见图 1-39）。

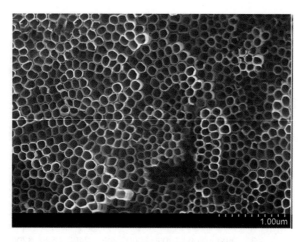

图 1-37　制备的 TiO$_2$ 纳米管的扫描电子显微镜顶部图[59]

图 1-38　制备的 TiO_2 纳米管的扫描电子显微镜横截面图 [59]

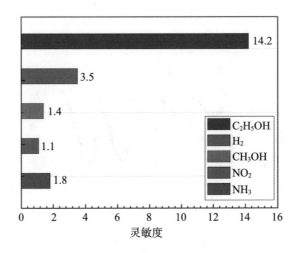

图 1-39　MoS_2-TiO_2 复合材料在 150 ℃ 下对 100 ppm 的 CH_3OH、NO_2、H_2、
$C2H_5OH$ 和 NH_3 的响应灵敏度图 [59]

　　Sun 等 [4] 采用简单的水热法合成了 NiO 纳米粒子修饰的 TiO_2 棒并将其应用到丙酮气体的气敏性能研究（见图 1-40）。NiO 纳米粒子为六边形结构，直径约为 150 nm。NiO 纳米粒子修饰后的 TiO_2 纳米棒气体传感器在最佳工作温度 400 ℃ 下对丙酮气体的响应高于其他 VOCs 气体，对 200 ppm 丙酮气体的响应灵敏度为 9.33，并且气敏测试结果发现，修

饰后的纳米棒传感器也显示出更快的响应（见图 1-41、图 1-42 所示）。

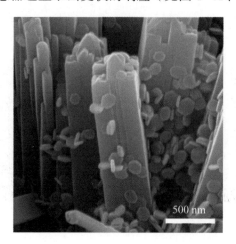

图 1-40　NiO 修饰的 TiO$_2$ 纳米棒的扫描电子显微镜图 [4]

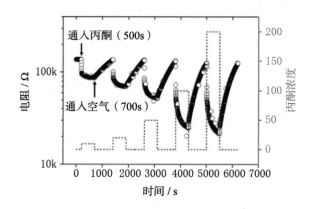

图 1-41　原始 TiO$_2$ 纳米棒气体传感器在 400 ℃ 下的丙酮气体响应和恢复曲线 [4]

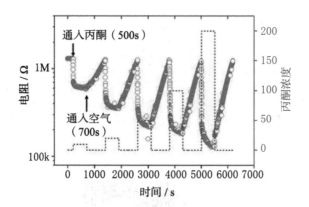

图 1-42　NiO 修饰的 TiO₂ 纳米棒气体传感器在 400 ℃ 下的丙酮气体响应恢复曲线 [4]

Deng 等 [60] 通过将静电纺丝和水热法相结合制备了一种新型的具有异质结构的一维纳米纤维结构，其由直径均匀的 CuO 纳米立方体和直径为 200 nm 的 TiO₂ 纳米纤维构筑而成并将其制备成气体传感器，其在相对较低的工作温度下（200 ℃），对甲醛和乙醇气体具有高的响应性和优异的选择性（见图 1-43 ～图 1-49）。

图 1-43　TiO₂ 纳米纤维样品的场发射扫描电子显微镜 [60]

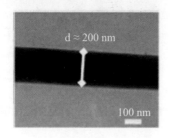

图 1-44　TiO₂ 纳米纤维样品的透射电子显微镜图 [60]

图 1-45　CuO 纳米晶体样品的场发射扫描电子显微镜图[60]

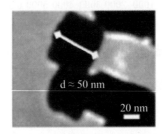

图 1-46　CuO 纳米晶体样品的透射电子显微镜图[60]

图 1-47　CuO-TiO₂ 纳米复合材料样品的场发射扫描电子显微镜图[60]

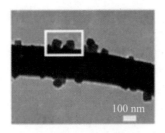

图 1-48　CuO-TiO₂ 纳米复合材料样品的透射电子显微镜图[60]

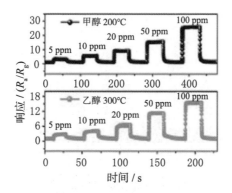

图 1-49 CuO-TiO₂ 纳米复合材料在 200 ℃ 和 300 ℃ 下对不同甲醛和乙醇
浓度的响应与时间的关系图[60]

Zhang 等[61] 通过 CoTi 层状双氢氧化物的简易热转化，首次制备了一系列介孔分级 Co_3O_4–TiO_2 p-n 异质结构纳米复合材料，对甲苯和二甲苯气体表现出优异的气敏性能（见图 1-50 ～图 1-53）。该传感器较高的气敏性能主要归因于其层状结构、较大的比表面积和 p-n 异质结的形成，使材料的活性位点充分暴露，表面更易吸附氧和目标气体。

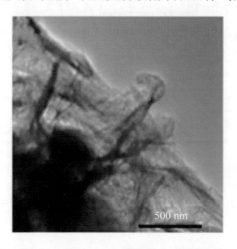

图 1-50 CoTiO-4-350 的透射电子显微镜图[61]

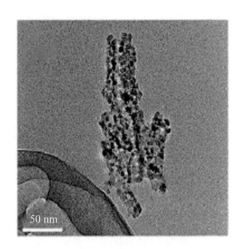

图 1-51 CoTiO-4-350 的高分辨率透射电子显微镜图 [61]

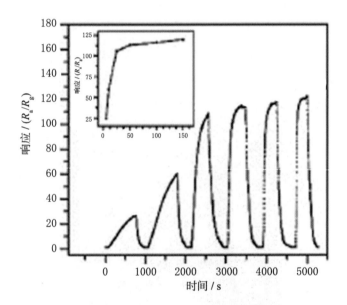

图 1-52 CoTiO-4-350 传感器在 115 ℃ 下对不同浓度的二甲苯气体的动态和
响应恢复曲线及响应灵敏度图（插图）[61]

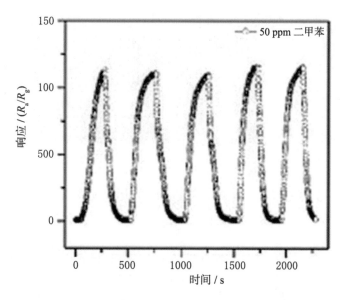

图 1-53　CoTiO-4-350 传感器在 115 ℃ 下对 50 ppm 二甲苯的重现性图 [61]

（2）n-n 型。例如，Li 等 [62] 通过简单的静电纺丝法合成一维多孔 Nb_2O_5-TiO_2 纳米纤维并将其应用于乙醇气体的检测（见图 1-54、图 1-55）。Nb_2O_5 的引入使 TiO_2 的平均粒径尺寸减小、比表面积增大，从而降低电阻，工作温度由 300 ℃ 降低为 250 ℃。当 Nb_2O_5 含量为 6 mol% 时，Nb_2O_5-TiO_2 对乙醇气体表现出最佳的气敏性能，灵敏度为 21。该传感器气敏性能的增强主要归因于 Ti^{4+} 被 Nb^{5+} 取代，且 Nb_2O_5 纳米颗粒和 TiO_2 纳米颗粒之间形成 n-n 异质结，从而使电子从 Nb_2O_5 转移到 TiO_2，TiO_2 中的电子浓度增加，传感器电阻降低。

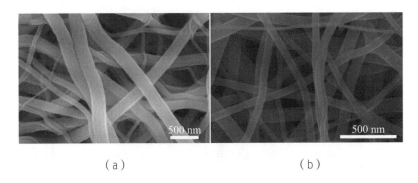

（a）　　　　　　　　　　　　　　　（b）

图 1-54　（a）纯 TiO$_2$ 和（b）6 mol% Nb$_2$O$_5$-TiO$_2$ n-n 结纳米纤维的
扫描电子显微镜图 [62]

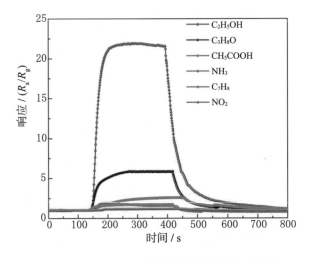

图 1-55　由 6 mol% Nb$_2$O$_5$-TiO$_2$ 纳米纤维构建的传感器在 250 ℃ 气体
浓度为 500 ppm 时选择性检测 [62]

Wang 等 [63] 通过简单的水热法合成了沉积在 TiO$_2$ 纳米带上的 SnO$_2$ 纳米颗粒或沉积在表面粗糙的 TiO$_2$ 纳米带上的 SnO$_2$ 纳米颗粒所构成的异质结构（见图 1-56 ～图 1-59）。在最佳工作温度 350 ℃ 下，纯相 TiO$_2$ 纳米带和纯相表面粗糙 TiO$_2$ 纳米带的气敏性能仅为 2.9 和 4.6，而 SnO$_2$ 纳米颗粒复合后所形成的材料灵敏度得到了大幅度的提升，分别为 46.9 和 53.6，这意味着异质结构的形成显著改善了材料的气敏性能（见图 1-60）。

图 1-56 SnO$_2$ 纳米颗粒的扫描电子显微镜图 [63]

（a） （b） （c）

图 1-57 TiO$_2$ 纳米带的扫描电子显微镜图 [63]

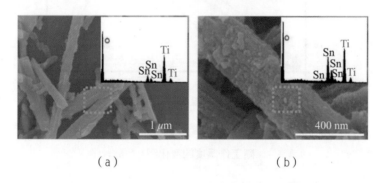

（a） （b）

图 1-58 SnO$_2$-TiO$_2$ 样品的扫描电子显微镜图 [63]

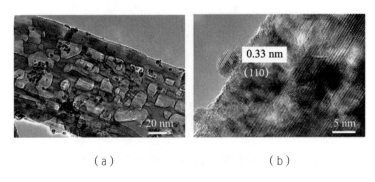

（a）　　　　　　　　　　　（b）

图 1-59　SnO_2-TiO_2 的高分辨率透射电子显微镜图 [63]

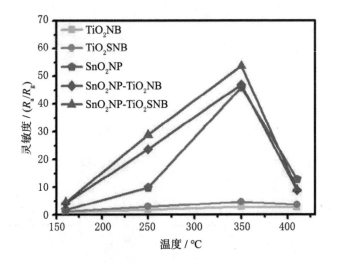

图 1-60　5 种不同传感器对浓度为 500 ppm 的丙酮气体的灵敏度
随工作温度的变化图 [63]

1.2.7　活性晶面的暴露

决定材料气敏性能的其他因素还有材料表面的原子排列、表面状态、活性位点等。由于气敏响应的物理或化学变化过程多发生在材料表面，因而不同的表面原子排列、不同的晶面暴露 [64, 65] 将导致不同的气敏性能。暴露高能晶面的材料要比暴露其他晶面的材料具有更优越的气敏性能[66, 67]，这主要是由于具有高能（001）晶面的 TiO_2 具有更高的表面能和反应性，因此，暴露晶面的设计和控制合成也是提高 TiO_2 气敏性能的一个关键措施。

例如，Liu 等[68]采用简单的水热法合成具有（001）高能面暴露的 TiO_2 纳米片并将其用作气敏材料（见图 1-61～图 1-63）。测试发现该传感器对乙醇气体表现出 n 型响应，在 250 ℃以上高温具有高灵敏度，但在室温到 120 ℃的宽温度范围内表现出反常的 p 型传感行为，这主要归因于 TiO_2 纳米片表面上乙醇分子和吸附的水分子之间的质子转移。

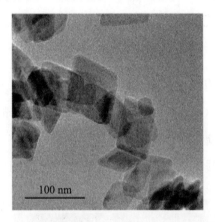

图 1-61　制备的 TiO_2 纳米片的透射电子显微镜图[68]

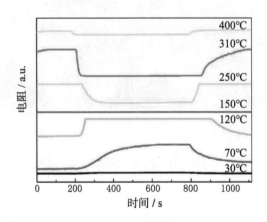

图 1-62　归一化电阻响应曲线[68]

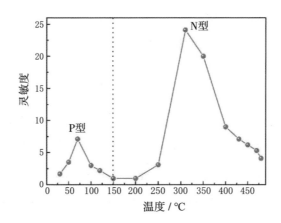

图 1-63 基于 TiO₂ 纳米片的传感器在不同温度下对 500 ppm 乙醇气体的
响应灵敏度图 [68]

Yang 等 [69] 采用简单的水热法合成了选择性蚀刻的具有高能（001）
晶面的锐钛矿相 TiO₂ 分级微球，其中（001）晶面的蚀刻度可通过 pH
进行调节。研究发现刻蚀后的 TiO₂ 微球比具有完整的（001）面和轻微
刻蚀的（001）面的 TiO₂ 微球表现出更高的丙酮响应（见图 1-64 ～ 图
1-66）。

（a）   （b）

图 1-64 完整的 TiO₂ 的场发射扫描电子显微镜图 [69]

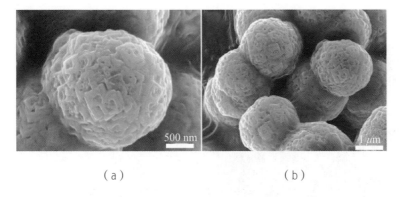

（a） （b）

图 1-65 略微凹陷的 TiO_2 的场发射扫描电子显微镜图[69]

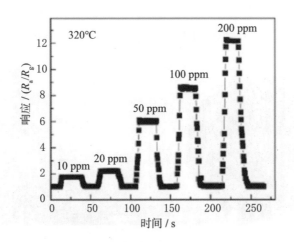

图 1-66 蚀刻的 TiO_2 微球 320 ℃下对不同浓度的
丙酮气体的动态响应和恢复曲线[69]

Yang 等[70] 采用水热法合成了锐钛矿相 TiO_2 分级微球。研究人员进一步表征发现微球由大量聚集的纳米角和截断的尖端组成，具有暴露的（001）和（101）晶面，并且微球中具有丰富的介孔结构。该 TiO_2 微球传感器对丙酮气体表现出良好的气敏性能，对 100 ppm 丙酮的最佳响应灵敏度为 14.6，具有快速响应和恢复速度（响应时间及恢复时间均小于 10 s）、低检测限（即使在 10 ppm 的低丙酮浓度下，响应仍然达到 6.1）和优异的选择性。气敏性能的提升主要归因于多级结构的形成，以及活性晶面的暴露（见图1-67～图1-69）。

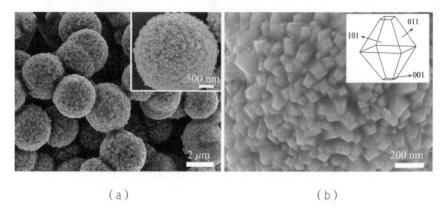

（a）　　　　　　　　　　　　　（b）

图1-67　截断纳米刺的场发射扫描电子显微镜图[70]

（a）　　　　　　　　　　　　　（b）

图1-68　截断纳米刺的透射电子显微镜图[70]

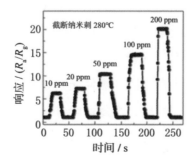

图1-69　截断纳米刺在280℃下对不同浓度的丙酮的动态响应和恢复曲线[70]

Zhang 等 [71] 采用简单的一步水热法使用氟化物作为晶面稳定剂合成了具有高活性（001）面的锐钛矿相纳米多面体并将其制备成 CO 气体传感器。测试结果表明，传感器对 CO 表现出良好的响应，在最佳工作温度 350 ℃，对 300 ppm CO 气体的响应灵敏度为 27.9。随后对传感机理进行第一性原理计算，结果表明 CO 在（001）面上的吸附比在正常暴露的（101）面上的吸附更为稳定，因而证明暴露（001）面的材料气敏性能更强（见图 1-70 ～图 1-74）。

（a）　　　　　　　（b）　　　　　　　（c）

图 1-70　（001）为主的 TiO₂ 的扫描电子显微镜图 [71]

图 1-71　（101）暴露的原始样品的扫描电子显微镜图 [71]

图 1-72　单晶 TiO₂ 的板状模型 [71]

注：参数 A 和 B 分别表示双锥体的边长和截断的方形（001）面的边长。

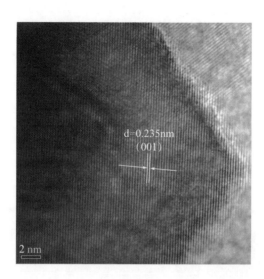

图 1-73　从单个纳米片的侧面记录的高分辨率透射电子显微镜图 [71]

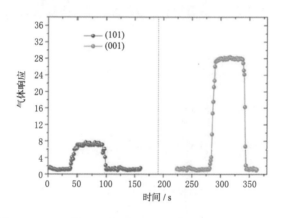

图 1-74　两种 TiO₂ 传感器对 CO 的响应和恢复曲线 [71]

Liu 等 [72] 在 HF 存在下，通过简单的水热法制备了具有暴露（001）面不同百分比的 TiO₂ 纳米晶体并详细研究了 TiO₂ 纳米晶对乙醇气体的气敏性能。测试结果发现，传感器在 250 ℃以上表现为 n 型半导体响应信号，而在低温下（室温至 120 ℃）则表现出 p 型半导体响应信号，但无论 p 型还是 n 型响应信号，都会随着暴露的（001）面百分比的增加，响应灵敏度明显增加。对其气敏机理进一步研究发现，p 型响应信号主

要归因于 TiO_2 表面水分子随着（001）面百分比的增加而增加，n 型响应信号主要归因于乙醇气体分子和表面吸附氧的吸附能力增强，以及随着（001）面百分比的增加表面吸附氧 O^- 到 O^{2-} 的转变（见图 1-75 ～图 1-77）。

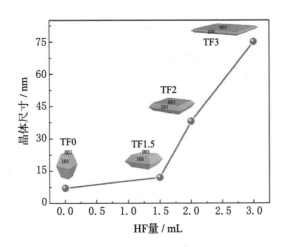

图 1-75　TiO_2 纳米晶体的平均晶粒尺寸和相应的示意图形状与 HF 量的关系 [72]

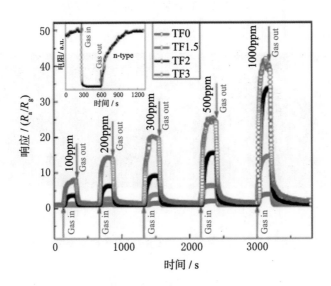

图 1-76　基于 4 种 TiO_2 传感器分别在最佳工作温度 310 ℃ 下在不同浓度乙醇中的响应和恢复曲线 [72]

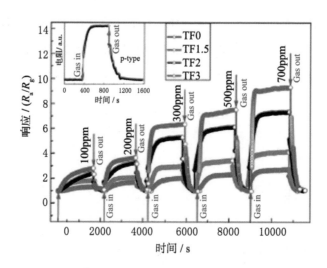

图 1-77　基于 4 种 TiO₂ 传感器分别在 70 ℃ 下在不同浓度乙醇中的响应和恢复曲线 [72]

Liang 等 [73] 通过水热法合成了一系列具有不同暴露晶面的锐钛矿相 TiO₂ 并对暴露（010）、（001）和（101）3 个不同晶面的 TiO₂ 气敏性能进行了详细的研究，最终确定 3 个晶面的活性顺序为（010）面＞（001）面＞（101）面（见图 1-78 ～图 1-82）。

（a）　　　　　　　　　　（b）

图 1-78　产物 NS-010 的扫描电子显微镜图 [73]

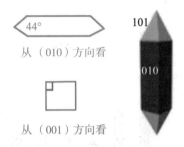

图 1-79 产物 NS-010 的示意图[73]

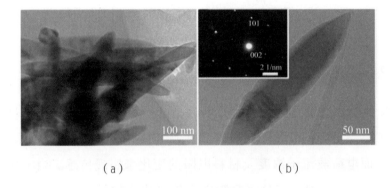

（a） （b）

图 1-80 产物 NS-010 不同放大倍率的透射电子显微镜图[73]

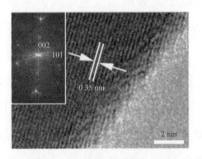

图 1-81 产物 NS-010 的高分辨率透射电子显微镜图[73]

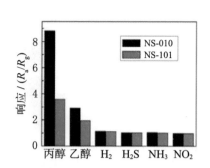

图 1-82 不同纳米晶对多种气体（100 ppm）的选择性 [73]

1.2.8 TiO$_2$ 气体传感器气敏机理

金属氧化物基气体传感器的基本传感机理主要是基于引入目标气体后传感器电阻的变化。当材料表面有气体吸附时，传感器通过监测材料表面电荷载流子浓度及材料电阻的变化来实现传感。当工作温度在 100 ～ 500 ℃时，氧分子吸附在金属氧化物材料表面并通过从氧化物的导带夺取材料的电子到表面而发生电离，从而在金属氧化物表面形成大量的吸附氧物种 O_2^-、O^- 和 O^{2-} 等 3 种类型 [74, 75]，该过程导致传感器电阻增加。当温度＜ 150 ℃时，材料表面主要以 O_2^- 为主，当温度在 150 ～ 400 ℃时，材料表面主要以 O^- 为主，当温度＞ 400 ℃时，材料表面主要以 O^{2-} 为主。这会在 n 型金属氧化物半导体材料的表面形成电子耗尽层，而在 p 型金属氧化物半导体材料表面形成空穴累积层 [74, 75]，因而，使 n 型和 p 型金属氧化物半导体表现出不同的信号响应。以 n 型金属氧化物半导体为例（TiO$_2$），在空气气氛下，n 型金属氧化物半导体的电子被氧分子夺取并发生电离，在材料表面形成电子耗尽层，使材料表面的电阻增加。然而，当材料接触到还原性气体时，材料表面的氧负离子将与还原性气体发生氧化还原反应，被夺取的电子释放回材料的导带中，导致材料电阻降低。而当材料遇到氧化性气体时，氧化性气体会使材料表面被进一步氧化，因而导致电子耗尽层变厚，材料表面电阻增加，故 p 型金属氧化物半导体材料表现出相反的信号响应[62]。然而，目前对气体传感器气敏机理部分的研究，主要以理论研究为主，很少通过实验数据进一步验证。若人们能通过气相色谱法、气相色谱 - 质谱法等表征对氧化还原产物进行验证，将更有利于对气体传感器的机理进行详细分析。

1.3 离子液体辅助合成金属氧化物纳米材料

目前，TiO_2 纳米材料的合成方法主要包括静电纺丝法、水热 / 溶剂热法、沉淀法等，这些合成方法存在操作复杂、成本较高、需要分步进行等问题，且产物形貌多为纳米粒子、纳米线、纳米球等。人们若能通过简单的合成方法直接一步合成具有多级结构的 TiO_2 纳米材料，将更有利于降低材料合成成本、保持结构形貌，更易与目标气体发生反应，从而提高气敏性能。离子液体凭借其各种特殊的物理化学性质，如不可燃性、高流动性、低熔点、高热稳定性、高离子导电性、能溶解多种材料的能力和超低蒸汽压，已被公认为是"绿色溶剂"，被广泛应用于合成具有新颖形貌的纳米材料。特别是 1- 丁基 -3- 甲基咪唑基离子液体，它可以诱导无机纳米材料生长成片状或自组装成多级结构。与有机溶剂或表面活性剂相比，离子液体为各种纳米结构材料的合成提供了一条更方便的途径[76-78]。最近的研究发现，离子液体不仅可以在反应过程中用作溶剂、模板剂和封盖剂，影响金属氧化物粒子的大小、形状和结构，还可以用作潜在的官能团或吸收剂[79]。目前，已有多种离子液体用于合成金属氧化物纳米材料。例如，Li 等[80] 以（NH_4）$_2MoS_4$ 为原料，由离子液体氯化（1- 丁基 -3- 甲基咪唑）[Bmim][Cl] 辅助水热法制备了具有中空囊泡状结构的 MoS_2 微球，如图 1-83 所示。结果表明，MoS_2 微球具有均匀的球形形貌，直径为 $1 \sim 2~\mu m$。微球表面的中空囊泡由 MoS_2 构成。离子液体在形成囊泡状 MoS_2 微球的过程中起着重要的模板作用。

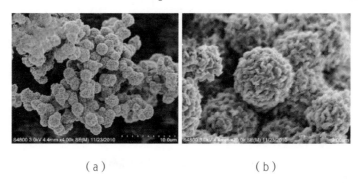

（a）　　　　　　　　　　　（b）

图 1-83　MoS_2 微球的扫描电子显微镜图[80]

Jiang 等[81]通过离子液体 1- 丁基 -3- 甲基咪唑双三氟甲磺酰亚胺盐（[Bmim][Tf₂N]）辅助合成法成功合成具有独特多级结构的一维磷化钼（MoP）纳米材料，如图 1-84 所示并将其应用于超级电容器和电催化领域。

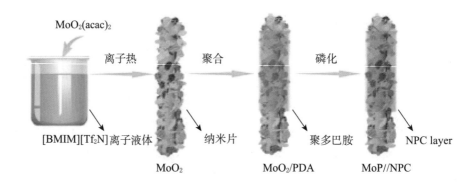

图 1-84　分层 1D MoP/NPC 的制备流程图[81]

Wang 等[82]通过离子液体 1- 十二烷基 -3- 甲基咪唑四氟硼酸盐（[C₁₂mim][BF₄]）辅助水热法合成由纳米粒子构筑的 α-Fe_2O_3 介孔纳米球，如图 1-85 所示。进一步研究发现，离子液体 [C₁₂mim][BF₄] 在微观结构和形貌控制的合成中起着重要作用，不仅可作为表面活性剂修饰

α-Fe$_2$O$_3$，还可作为模板剂控制和稳定 α-Fe$_2$O$_3$ 纳米球多级结构的形成。研究人员将 300 ℃ 热处理获得的 α-Fe$_2$O$_3$ 介孔纳米球制备成气体传感器，在 170 ℃ 的工作温度下对丙酮表现出优异的气敏性能，检测限低至 0.1 ppm，且抗干扰能力强，可用于对 I 型糖尿病人呼出气中丙酮的实时监测。气敏性能的提升主要归因于纳米材料中离子液体 [C$_{12}$mim][BF$_4$] 残余物的适当残留。

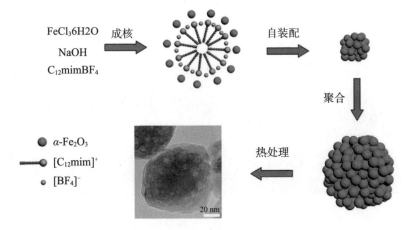

图 1-85   α-Fe$_2$O$_3$ 介孔纳米球的形成机理示意图 [82]

Wang 等 [79] 利用一步水热法，通过添加少量离子液体 [C$_{12}$mim] [PF$_6$] 辅助合成了 α-Fe$_2$O$_3$ 空心椭球，然后在不同温度下烧结，如图 1-86 所示。研究人员将其制备成气体传感器，发现 300 ℃ 热处理获得的 α-Fe$_2$O$_3$ 空心椭球材料，在工作温度 217 ℃ 对 100 ppm 正丁醇具有高的响应、短的恢复时间和良好的稳定性，检测限低至 0.1 ppm。

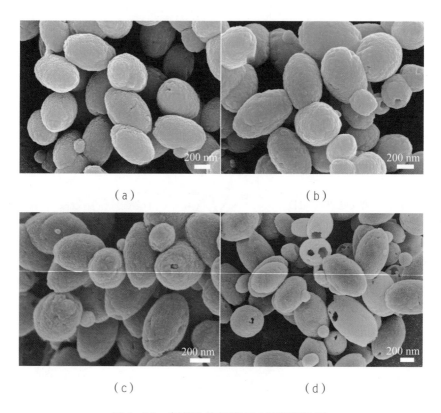

（a）　　　　　　　　　　　（b）

（c）　　　　　　　　　　　（d）

图1-86　氧化铁的扫描电子显微镜图[79]

注：图（a）为前驱体样品1，图（b）为样品1-300，图（c）为样品1-400，图（d）为样品1-600。

王等[83]以$FeCl_3 \cdot 6H_2O$和NaOH为原料，以离子液体1-十二烷基-3-甲基咪唑溴盐（$[C_{12}mim][Br]$）为诱导剂，采用水热合成法在150 ℃下反应4 h制备出具有立方体形貌的α-Fe_2O_3，立方体尺寸较均一，平均粒径为55～75 nm。气敏测试结果显示立方体形状的α-Fe_2O_3在92 ℃低温条件下对正丙醇气体显示出优异的气敏性能。这归因于离子液体的引入增强了纳米颗粒的稳定性和分散性，起到了模板剂、结构导向剂和表面活性剂的作用。

Wang等[84]通过离子液体（$[C_{12}mim][Br]$）辅助水热法和后期烧结，

在陶瓷管上原位合成了 α-Fe_2O_3 介孔纳米棒阵列，如图 1-87 所示。研究人员通过改变烧结温度可以调节纳米棒中介孔的尺寸，其中在 250 ℃处理的这种原位组装的 α-Fe_2O_3 介孔纳米棒阵列传感器具有最佳的气敏性能，在 217 ℃工作温度下不仅对三甲胺气体具有高的灵敏度、短的恢复时间和良好的重现性、抗湿性，而且 0.1 ～ 100 ppm 具有良好的线性关系，可以对鲫鱼在存放期间（0 ～ 11 h）的主要挥发物（三甲胺）进行检测，用于对鱼的新鲜度进行评价，给出新鲜程度的参考意见。其优越的气敏性能主要归因于合成的有序纳米棒阵列材料具有较大的比表面积、均匀的介孔结构，并残留了适量离子液体残余物，这有助于三甲胺气体分子扩散和吸附到阵列材料表面和电子的转移。

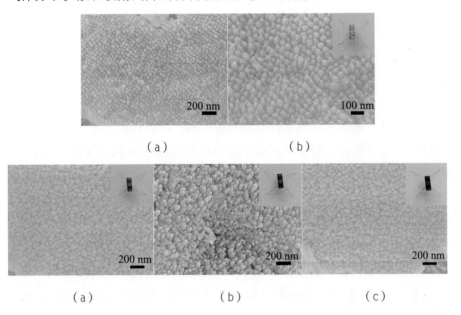

图 1-87　氧化铁前躯体样品 1（a，b）、样品 1-250（c）、样品 1-400（d）和样品 1-600（e）的扫描电子显微镜图和相应的元件照片 [（b ～ e）的插图][84]

Gao 等 [85] 以离子液体（[Bmim][BF_4]）为模板剂，采用水热法合成了雪花状 ZnO，如图 1-88 所示。在不同的温度下烧结，氧化锌中会保留不同含量的离子液体残留物，从而导致不同的气体响应。其中在 650 ℃ 下获得的介孔 ZnO 显示出对 NO_0 的最佳气体响应，在 170 ℃ 下对 10 ppm NO_0 气体响应灵敏度为 73.4，最低检测限为 0.05 ppm。良好的气敏性能可能是因为高温烧结后 ZnO 中残留了适量的离子液体残余物。

（a） （b）

图 1-88 （a）前驱体和（b）在空气气氛下 650 ℃ 烧结 2 h 后的 ZnO 扫描电子显微镜图 [85]

通过以上文献报道可以看出，离子液体对金属氧化物纳米材料的形貌调节具有重要的作用，而且在不同温度下烧结残留物也对氧化物气敏性能的提高有促进作用，但目前用离子液体辅助合成 TiO_2 的研究还未见报道。

1.4 富含氧空位型金属氧化物的合成

设计表面缺陷结构是改善材料性能的有效途径之一，目前已广泛应用在锂离子电池 [86]、超级电容器 [87]、太阳能电池 [88]、催化剂 [89-91] 和气体传感器 [92] 等各种领域。气敏材料在材料表面形成的氧空位可以调整金属氧化物表面吸附氧含量，从而提高材料的气敏性能。通常情况下，正如以前的研究所报道的那样，金属氧化物半导体中的本征缺陷氧空位作为施主能级和传导路径向材料的导带提供自由电子并降低势垒，提高材料中的电子迁移率 [93, 94]。目前，研究人员对金属氧化物半导体通过制造缺陷结构进行改性的方法主要包括还原气氛处理（H_2，CO）[95, 96]、过氧化氢溶液改性[97]、真空烧结[98]、合成多孔结构[99, 100]，以及变价金属掺杂[101, 102]。例如，Xu 等[103] 通过胶体模板法制备的三维有序 SnO_2 薄膜中的氧空位可以使多孔 SnO_2 薄膜用于室温检测 VOCs 并通过不同热处理温度有效控制氧空位。气敏测试研究发现，氧空位在室温传感性能中起着重要的作用，对三乙胺表现出超高的响应。此外，富含氧空位的 SnO_2 薄膜传感器具有快速的响应和恢复速度（响应时间和恢复时间分别为 53 s 和 120 s），如果将工作温度提高到 120 ℃，可以进一步缩短响应时间和恢复时间到 10 s 和 36 s。值得注意的是，该传感器在室温条件下检测限可以低至 110 ppb。优异的传感性能主要归功于 SnO_2 具有丰富氧空位的多孔结构，可以提高气体分子的吸附能力（见图 1-89～图 1-91）。

Du 等[104] 通过在双区管式炉中使用金属铝作为还原剂，合成了具有氧空位多孔 In_2O_3 纳米球并将其应用于二氧化氮的传感性能研究。进一步表征发现，In_2O_3 和 In_2O_{3-x} 是由尺寸约为 10～20 nm 的纳米颗粒组装而成的多孔纳米球。在 300 ℃还原温度下制备的多孔 In_2O_{3-x} 纳米球（Vo-In_2O_3-300）在 80 ℃时对 3 ppm NO_2 灵敏度为 130，这几乎是多孔 In_2O_3 纳米球响应（55）的 2.5 倍。利用密度泛函理论对气敏机理进行分析发现，氧空位的存在提供了更多的自由电子，缩小了带隙，提高了电子的迁移率，从而更利于 NO_2 分子在材料表面的吸附，进而提高 In_2O_3 的气体感应性能（见图 1-92～图 1-96）。

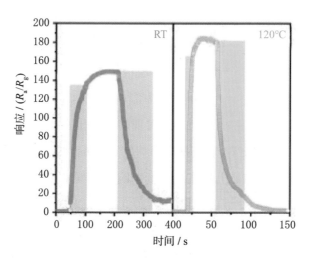

图 1-89　多孔 SnO₂ 薄膜在室温和 120 ℃ 下分别对

10 ppm 三乙胺的响应和恢复曲线 [103]

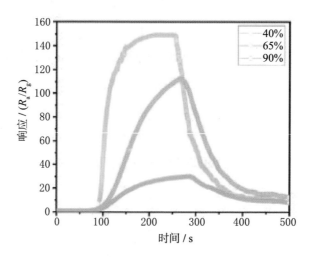

图 1-90　多孔 SnO₂ 薄膜在不同相对湿度下的响应 [103]

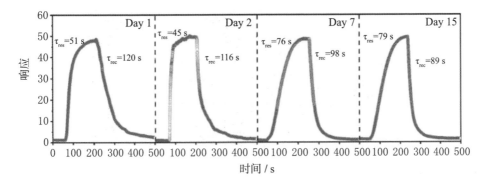

图 1-91　多孔 SnO₂ 薄膜在室温下对 5 ppm 三乙胺的长期稳定性[103]

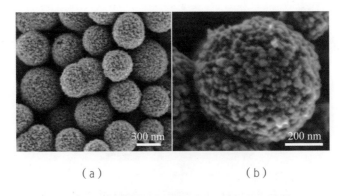

（a）　　　　　　　　　　（b）

图 1-92　多孔 In₂O₃ 纳米球的扫描电子显微镜图

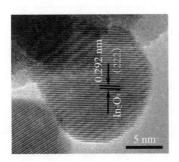

图 1-93　多孔 In₂O₃ 纳米球的高分辨率透射电子显微镜图

（a） （b）

图 1-94 多孔 Vo-In$_2$O$_3$-300 纳米球的扫描电子显微镜图

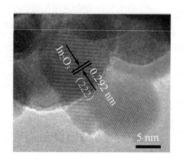

图 1-95 多孔 Vo-In$_2$O$_3$-300 纳米球的高分辨率透射电子显微镜图

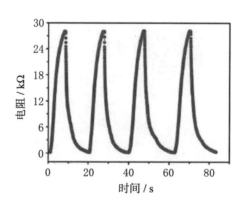

图 1-96 Vo-In$_2$O$_3$-300 传感器在 80 ℃ 下对 3 ppm NO$_2$ 的 4 次响应和恢复曲线

以上研究表明，氧空位的存在有效地改善了材料的气敏性能，但通过研究文献发现，目前富含氧空位的 TiO_2 纳米材料还未见被应用于气体传感器领域。

1.5 选题依据及研究的主要内容

1.5.1 选题依据

由于 VOCs 种类繁多、危害较大，且具有易燃易爆性，会对人体健康产生严重的危害，因此有必要对空气中 VOCs 的种类和含量进行实时检测，从而降低风险提高空气质量。目前，常见的对 VOCs 气体检测的方法主要包括气相色谱法、液相色谱法等，虽然这些方法可以对气体的种类及气体的浓度进行准确检测，但是存在仪器笨重不便于携带、操作复杂、耗费时间长且价格昂贵等问题。而金属氧化物半导体气体传感器操作简单、便于携带、价格便宜、功耗低且具有良好的长期稳定性和选择性，因而成了今后 VOCs 气体实时检测的最佳选择。

目前为止，已有多种金属氧化物半导体材料用于 VOCs 气体检测，其中 TiO_2 是一种常见的具有宽带隙的 n 型金属氧化物半导体（3.2 eV），其具有稳定的物理和化学性质、合适的电子能带结构和稳定的热处理工艺，因此在众多金属氧化物半导体材料中脱颖而出。大量研究表明，对材料进行表面界面调控将有利于气敏性能的提升。众所周知，影响气体传感器气敏性能有多种因素，例如，材料的导电性、表面吸附氧含量的多少、材料中是否有氧空位的存在，以及是否有活性晶面的暴露等。针对以上提高气敏性能的方法，本书致力通过对材料的表面修饰从而提高材料的气敏性能。目前，TiO_2 材料的导电性差，且工作温度较高，因此在提高气敏性能的同时，试图降低工作温度。研究发现，通过掺杂和复合的方法可以对材料表面进行修饰改性，可以改善材料的气敏性能，因此，本书将利用简单便捷的合成方法对 TiO_2 材料进行表面修饰，试图提高材料的导电性，使表面吸附氧或氧空位含量增加，使材料表面提供更多的活性位点，从而更有利于材料表面与气体分子的相互作用，提高性能。

综上所述，本书从 TiO_2 材料表面界面调控出发，围绕增强材料导电性、增加材料表面吸附氧含量、营造氧空位、减小材料尺寸、增加活性晶面暴露率等方法，合成具有多种形貌的 TiO_2 纳米材料并将其应用到气体传感器领域，从而使材料对 VOCs 气体检测的气敏性能得到大幅提升，对今后环境保护、VOCs 气体的检测及实际应用具有一定的推动作用。

1.5.2 主要研究内容

实验将不使用模版，通过简单的溶剂热法制备多种形貌（纳米粒子、纳米片、纳米球、纳米立方体） TiO_2 纳米材料。上述实验制得的 TiO_2 纳米材料将被制备成气体传感器并用于 VOCs 气体的气敏性能研究。

（1）笔者以乙酰丙酮氧化钛（Ⅳ）为原料，正丁醇、水和冰乙酸为溶剂，通过简单的一步水热法并以自身原料中的碳作为碳源，将前驱体在氮气气氛下烧结，直接形成 C-TiO_2 纳米粒子并将其制备成气敏元件，对比 C-TiO_2 与纯相 TiO_2 气体传感器对不同碳链醇类气体的气敏性能。

（2）笔者以乙酰丙酮氧化钛（Ⅳ）为原料，离子液体 1- 十二烷基 -3- 甲基咪唑六氟磷酸盐（$[C_{12}mim][PF_6]$）作为形貌调节剂和阴离子添加剂，辅助水热法合成 $Ti_2O(PO_4)_2$ 复合的二维 TiO_2 纳米片材料并对比在不同温度下烧结后产物的形貌、离子液体残留量及比表面积大小的变化。笔者将不同温度下烧结后的材料制备成气敏元件，测定其对三甲胺气体的气敏性能并对其气敏机理进行详细的探究。

（3）笔者以乙酰丙酮氧化钛（Ⅳ）为原料，离子液体 1- 十六烷基 -3- 甲基咪唑溴盐（$[C_{16}mim][Br]$）作为形貌调节剂，制备富含氧空位的球形 TiO$_2$ 纳米材料并对比在不同温度下烧结后产物中氧空位的含量。笔者将不同温度下烧结后的材料制备成气敏元件，测定其对异丙胺气体的气敏性能并进行离子液体残留量检测，详细探究气敏机理。

（4）笔者以乙酰丙酮氧化钛（Ⅳ）为原料，离子液体 1- 丁基 -3- 甲基咪唑四氟硼酸盐（[Bmim][BF$_4$]）作为氟源和形貌调节剂，制备（001）和（101）晶面共暴露的 TiO$_2$ 纳米立方体。笔者将产物在不同气氛下烧结并制备成气敏元件，测定并比较其对丙酮气体的气敏性能，采用性能最佳的材料用于糖尿病患者呼出气的检测。

2 实验部分

2.1 主要试剂和仪器

2.1.1 主要试剂

实验过程中使用的化学试剂及药品（见表 2-1）。实验所用水均为超纯水。

表 2-1　实验中使用的化学试剂

试剂名称	纯度	试剂产地
乙酰丙酮氧钛	A.R.	阿拉丁试剂有限公司
1- 十六烷基 -3- 甲基咪唑溴盐	A.R.	浙江临海凯乐化工厂
1- 十二烷基 -3- 甲基咪唑六氟磷酸盐	A.R.	浙江临海凯乐化工厂
1- 十二烷基 -3- 甲基咪唑四氟硼酸盐	A.R.	浙江临海凯乐化工厂
1- 十二烷基 -3- 甲基咪唑三氟甲磺酸盐	A.R.	浙江临海凯乐化工厂
1- 丁基 -3- 甲基咪唑四氟硼酸盐	A.R.	浙江临海凯乐化工厂
甲醇	A.R.	天津市光复科技发展有限公司
无水乙醇	A.R.	天津科密欧化学试剂有限公司
正丙醇	A.R.	天津科密欧化学试剂有限公司
正丁醇	A.R.	天津科密欧化学试剂有限公司
异丙醇	A.R.	天津科密欧化学试剂有限公司
正戊醇	A.R.	天津市光复科技发展有限公司
正己醇	A.R.	天津市光复科技发展有限公司
过氧化氢	A.R.	天津市光复科技发展有限公司
三甲胺水溶液	A.R.	国药集团化学试剂有限公司

试剂名称	纯度	试剂产地
二甲胺	A.R.	天津科密欧化学试剂有限公司
一异丙胺	A.R.	天津市光复科技发展有限公司
二异丙胺	A.R.	天津科密欧化学试剂有限公司
二乙胺	A.R.	天津科密欧化学试剂有限公司
三乙胺	A.R.	天津富宇精细化工有限公司
松油醇	A.R.	天津科密欧化学试剂有限公司
丙酮	A.R.	天津科密欧化学试剂有限公司
苯	A.R.	天津市光复科技发展有限公司
甲苯	A.R.	天津市光复科技发展有限公司
二氧化碳	—	大连光明特种气体有限公司
二氧化氮	—	大连光明特种气体有限公司
氨气	—	大连光明特种气体有限公司

注：A.R. 表明试剂为分析纯。

2.1.2 主要测试仪器

实验过程中使用的仪器和设备（见表 2-2）。

表 2-2 实验中使用的仪器和设备

仪器名称	型号
X- 射线衍射仪	D8-Advance
傅里叶变换红外光谱仪	Bruker Vector 6700
紫外 - 可见分光光度计	Lambda 750
热重差热分析仪	Pyris-Diamond
扫描电子显微镜	ZEISS SUPRA 55

续表

仪器名称	型号
原子力显微镜	MultiMode 8
拉曼光谱仪	Renishaw 1000
超纯水机	Smart-S
透射电子显微镜	JEOL-JEM-2010
X 射线光电子能谱仪	ULTRA AXIS DLD
氮气吸附－脱附等温线分析仪	TriStar II 3020
气相色谱－质谱联用仪	6890-5973N
气敏传感器测试系统	JF02F
超声波清洗器	KQ-500DB
气氛管式电炉	SK-G06123K
恒温加热磁力搅拌器	DF-101S

2.2 氧化钛纳米结构材料的制备

2.2.1 C–TiO_2 纳米粒子

笔者将 0.7864 g（3 mmol）乙酰丙酮氧钛溶于 20 mL 正丁醇，加入 10 mL H_2O 和 5 mL HAc。室温搅拌 30 min 后，笔者将上述混合溶液转移到带有聚四氟乙烯内衬的 50 mL 反应釜中，密封并在 180 ℃下反应 10 h。冷却到室温并离心后，笔者用去离子水和无水乙醇将沉淀物洗涤 3 次，在 80 ℃下干燥 10 h，得到前躯体白色粉末，被命名为 T1。笔者将 T1 样品分别在空气和氮气气氛下于 600 ℃烧结 2 h，得到的产物分别被命名为 T2 和 T3。此外，上述步骤得到的 T3 还在空气气氛 300 ℃下进一步热处理 1 h，所得产物被命名为 T4。

2.2.2　离子液体 $[C_{12}mim][PF_6]$ 辅助合成 $TiO_2/Ti_2O(PO_4)_2$ 纳米片

前驱体 $TiO_2/Ti_2(PO_4)_2F$ 是通过 $[C_{12}mim][PF_6]$ 辅助一步溶剂热法合成的，通过控制适当的烧结温度来保留 PO_4^{3-} 的量，得到 $Ti_2O(PO_4)_2$ 复合的 TiO_2 纳米片。合成过程如下：将 0.7864 g（3 mmol）乙酰丙酮氧钛和 1.268 g $[C_{12}mim][PF_6]$（3.2 mmol）溶于正丁醇（20 mL）、水（10 mL）和 HAc（5 mL）的混合溶液中，在室温下均匀搅拌 1 h，然后将混合溶液转移到带有聚四氟乙烯内衬的 50 mL 反应釜中并在 180 ℃ 反应 12 h。自然冷却到室温后，沉淀物用去离子水和无水乙醇洗涤 3 次并在 80 ℃ 下干燥 12 h。然后，笔者将白色前驱体（命名为 TP）在空气气氛下于 400 ℃、500 ℃、600 ℃ 和 700 ℃ 下烧结 2 h，得到了 PO_4^{3-} 改性的 TiO_2 纳米片，不同温度下烧结的产物分别命名为 TP-400、TP-500、TP-600 和 TP-700。此外，为了进一步研究添加 $[C_{12}mim][PF_6]$ 对 TiO_2 产物形貌和气敏性能的影响，笔者对不添加 $[C_{12}mim][PF_6]$ 或添加等量 $[C_{12}mim][BF_4]$ 和 $[C_{12}mim][CSO_3F_3]$ 得到的样品进行了对照实验。除了添加离子液体的类型，其他条件保持不变。对照试验制备的样品分别命名为 PT、TB 和 TS。

2.2.3　离子液体 $[C_{16}mim]Br$ 辅助合成球状 TiO_2

笔者将 2 mmol（0.5642 g）乙酰丙酮氧钛和 1.6 mmol（0.6199 g）-1-十六烷基 -3- 甲基咪唑溴盐（$[C_{16}mim][Br]$）与 30 mL 无水甲醇混合，搅拌 1 h 后形成均匀的溶液并将溶液转移到 50 mL 带有聚四氟乙烯内衬反应釜中。密封后在 180 ℃ 下反应 16 h，然后冷却到室温，分离出沉淀物并洗涤 3 次。在 60 ℃ 下干燥过夜后，笔者将产物以 2 ℃·min⁻¹ 的速度加热到 400 ℃ 并在空气气氛下于 400 ℃ 下热处理 2 h，得到球状锐钛

矿相 TiO_2。笔者将在空气气氛下不同温度热处理的产物分别命名为 Ti–300、Ti–400 和 Ti–500。笔者将在氮气气氛下 400 ℃ 热处理后的产物命名为 NH–400。

2.2.4 离子液体 [Bmim][BF$_4$] 辅助合成纳米立方体 TiO$_2$

笔者称取 2 mmol 乙酰丙酮氧钛（0.5642 g）溶于 27 mL 去离子水中，搅拌 10 min 后向其中逐滴滴加 3 mL H$_2$O$_2$（30%）和 1.2 mmol 离子液体 1- 丁基 -3- 甲基咪唑四氟硼酸盐（[Bmim][BF$_4$]），继续搅拌 1 h，待形成均匀的橙黄色溶液后转移到 50 mL 带有聚四氟乙烯内衬反应釜中，180 ℃ 下水热反应 12 h。待冷却至室温后进行离心、洗涤、烘干，得到 TiO_2 前驱体并分别在空气气氛下于 400 ℃、500 ℃、600 ℃ 和 700 ℃ 下热处理 2 h，所制备的产物分别命名为 Ti–400、Ti–500、Ti–600 和 Ti–700。

2.3 氧化钛纳米结构材料的表征

2.3.1 热重分析

实验使用热重差热分析仪（Pyris-Diamond），对合成的前驱体在空气气氛 30 ～ 900 ℃ 的温度范围下，以 5 ℃·min^{-1} 的加热速率进行热重分析。

2.3.2 X 射线衍射分析

实验使用 X 射线衍射仪（D8-Advance）（Cu Kα1 射线，λ=0.15406 nm）对产物的物相结构进行分析。测试所用的管电压为 40 kV，电流为 40 mA，扫描范围为 5° ～ 80°，扫描速度为 10 ℃·min^{-1}。

2.3.3 扫描电子显微镜观察

实验通过扫描电子显微镜（IEISS SUPRA SS）观察产物的形貌，测试电压分别为 5 kV 和 10 kV。所有样品先与无水乙醇超声混合，然后将其逐滴滴到铝箔上，静置烘干，再将铝箔转移到导电胶上粘紧后进行测试。

2.3.4 透射电子显微镜观察

实验采用透射电子显微镜（JEOL-JEM-2100）、高分辨率电子显微镜（HRTEM）、快速傅里叶变换，以及选区电子衍射系统对产物形貌和精细结构进行分析，测试电压为 200 kV。所有样品先与无水乙醇超声混合，然后将其逐滴滴到铜网微栅上，静置烘干后进行测试。

2.3.5 原子力显微镜观察

实验使用原子力显微镜（MultiMode 8）观察产物的形貌和厚度。采用 Tapping 的扫描模式，扫描频率为 1 Hz。所有样品先与无水乙醇超声混合，然后将其逐滴滴到硅片上，静置烘干后进行测试。

2.3.6 傅里叶变换红外光谱分析

实验使用傅里叶变换红外光谱仪（Bruker Vector 55）记录样品在 $400 \sim 4000 \text{ cm}^{-1}$ 区域的红外光谱，测试前样品需与 KBr 充分混合并通过压片法制成薄片后进行测试。

2.3.7 拉曼光谱（Raman）分析

实验使用拉曼光谱仪（Renishaw 1000）记录样品在 $200 \sim 2000 \text{ cm}^{-1}$

的拉曼光谱。测试前笔者先将样品充分研磨研细，再将固体粉末在玻璃片表面压实后进行测试。

2.3.8　X射线光电子能谱分析

实验使用X射线光电子能谱仪（ULTRA AXISDLD）对样品表面进行组成及价态分析。实验以Al Kα为激发源，C 1s峰的位置（284.6 eV）被用来校正其余所有元素的结合能位置并计算它们的结合能。

2.3.9　比表面和孔径分布分析

实验在77 K下利用吸附比表面测试法，使用N_2吸附－脱附等温线分析仪（TriStar II 3020）测定样品的比表面积和孔径分布。

2.3.10　紫外－可见漫反射光谱分析

实验利用紫外－可见分光光度计（Lambda 750）测试样品在波长200～800 nm的紫外－可见漫反射光谱。笔者将样品与白色硫酸钡粉末压实后待测试。

2.3.11　气相色谱－质谱分析

实验采用气相色谱仪和气相色谱－质谱联用仪（6890-5973N）测定气敏材料与待测气体接触后形成的中间产物，以及最终氧化分解产物。产物水和二氧化碳在N_2流下通过分子筛柱（2 m×3 mm，TDX01，中国）进行检测，而产物N_2在100 ℃的H_2流下测定。测试温度范围为50～250 ℃，载流气体为氩气，流速为1 mL·min^{-1}，加热速率为10 ℃·min^{-1}。

2.4　气敏元件的组装及气敏性能测试

2.4.1　气敏元件的制备与组装

厚膜型气敏元件的制备过程如下：将制备的待测样品粉末放在玛瑙研钵中，与少量松油醇混合形成浆液，使其具有黏性，然后将其均匀地刷涂在 Al_2O_3 陶瓷管的表面。所用的 Al_2O_3 陶瓷管长约 4 mm，其表面有一对金电极和四根铂丝。笔者将刷涂好的 Al_2O_3 陶瓷管在 80 ℃ 下干燥并在空气气氛 300 ℃ 下热处理 1 h，以除去多余的松油醇形成均匀的厚膜。笔者将一根镍铬丝穿过 Al_2O_3 陶瓷管并一起焊接在六角底座上，该电阻丝可用于调节传感器的工作温度，从而形成一个稳定的、可加热的气敏元件。笔者将制备好的气敏元件在老化系统上老化两天以提高其稳定性，然后进行气敏性测试。

2.4.2　气敏元件的气敏性能测试

笔者用气敏传感器测试系统（JF02F）通过静态气体配气方法在 133 ～ 252 ℃ 的工作温度下测试传感器的气敏性能。在测试之前，有必要事先用泵将玻璃容器抽真空，然后使用微量注射器将不同剂量的测试气体（或液体）注入抽真空的玻璃容器中（体积为 10 L）并用新鲜空气不断调整测试容器内外的压力平衡以配制不同浓度的测试气体。笔者通过调整气体传感器的加热电压来改变传感器的不同工作温度。当气敏元件在新鲜空气中电阻稳定后，笔者将气敏元件放入刚刚配制好具有一定浓度待测气体的玻璃容器中，此时产生的电信号变化为传感器与测试气体的响应过程。待气敏元件在测试气体中的电阻稳定后笔者将气敏元件取出，重新放置在新鲜空气中，电阻值完全恢复并再次稳定后，即完成一次气敏元件与待测气体的响应和恢复过程。

2.4.3 湿敏性能测试

笔者使用 JF02F 型气敏传感器测试系统对制备的气敏元件进行抗湿性测试。不同的饱和盐溶液对应不同的相对湿度（relative humidity, RH），如（KNO_3（94% RH）、KCl（85% RH）、NaCl（75% RH）、$CuCl_2$（67% RH）、$Mg(NO_3)_2$（54% RH）、K_2CO_3（43% RH）、$MgCl_2$（33% RH）、CH_3COOK（23% RH）和 LiCl（11% RH）。湿敏测试前笔者将饱和盐溶液在玻璃容器中密封放置至少 24 h，以确保饱和盐溶液上方空气的湿度恒定。整个测试过程与气敏测试过程基本一致。

2.4.4 气敏特性参数

众所周知，灵敏度、选择性、响应/恢复时间和稳定性是气体传感器的重要参数。气体响应灵敏度值（S）被定义为传感器在空气中的电阻（R_a）与在测试气体中的电阻（R_g）之比（还原性气体：$S=R_a/R_g$，氧化性气体：$S=R_g/R_a$），该值必须大于 1。其中 R_a 是传感器在新鲜空气中的稳定电阻，R_g 是传感器在测试气体中稳定后的测量电阻。湿度灵敏度为 $S=R_a/R_H$，即气敏元件在空气气氛中的电阻（R_a）与一定测试湿度中的电阻（R_H）之比。

响应时间为暴露在测试气体中时，传感器电阻从 R_a 达到 $R_a-(R_a-R_g)\times 90\%$ 所需的时间（或气敏元件与待测气体接触 100 s），恢复时间为气体传感器在离开测试气体且电阻从 R_g 变为 $R_g+(R_a-R_g)\times 90\%$ 所需的时间。

选择性系数（K）的计算公式为 $K_{A/B} = S_A / S_B$，式中，S_A 为传感器在检测气体中的灵敏度，S_B 为传感器在干扰气体中的灵敏度。选择性系数表示传感器对目标测试气体与其他气体的抗干扰能力，选择性系数越高，证明传感器的抗干扰能力越强，单一气体选择性越好。

3 C-TiO$_2$ 纳米粒子对不同碳链醇类气体检测及其气敏机理

3.1 引言

VOCs[105, 106]是室内空气污染的一个主要来源，并且由于其毒性、致癌性和诱变性而受到广泛的关注[47]。在这些 VOCs 气体中，醇类气体是生活中常见的一种 VOC，醇类气体被广泛用作溶剂、有机合成的中间体和萃取剂[67]。长期暴露在不同碳链长度的醇类气体环境中，会对人体产生严重的损伤，如头晕、恶心、呕吐、腹泻、昏迷、呼吸系统疾病，甚至死亡[107]。因而人们有必要设计高灵敏度和高选择性的传感器来检测不同碳链的醇类气体。

目前，已有多种形貌金属氧化物被报道用于室温至 370 ℃ 检测乙醇或正丁醇气体，包括分层花状 ZnO[108]、中空 Ni-SnO_2 微球[109]、单分散介孔 In_2O_3 纳米球[110]、纳米棒状的 TiO_2-Fe_2O_3[65] 和 ZnO-Fe_2O_3[111]、有序介孔 Ag-TiO_2/SnO_2[47]。然而，关于醇类气体的气敏机理的研究相对较少。众所周知，气敏机理分析对于揭示气体分子与材料表面的相互作用非常重要，这种分析可以指导新型氧化物基传感材料的制备。然而，大多数报道对气敏机制的讨论是通过理论分析或引用已报道的文献来进行的。目前，醇类气体的传感机理[111,-118]，主要分为以下两种情况。一种情况是金属氧化物促进醇类气体直接分解形成水和二氧化碳，其反应方程式如下：

$$(C_nH_{2n+1}OH)_{gas} \longrightarrow (C_nH_{2n+1}OH)_{ads} \tag{3-1}$$

$$(C_nH_{2n+1}OH)_{ads} + 3nO^-_{ads} \longrightarrow nCO_2 + (n+1)H_2O + 3ne^- \tag{3-2}$$

另一种情况是，金属氧化物使醇类气体首先被氧化为醛[10]，然后转化为水和二氧化碳，相应的反应方程式如下：

$$(C_nH_{2n+1}OH)_{gas} \longrightarrow (C_nH_{2n+1}OH)_{ads} \tag{3-3}$$

$$(C_nH_{2n+1}OH)_{ads} \longrightarrow (C_nH_{2n+1}O^-)_{ads} + H^+ \qquad (3-4)$$

$$(C_nH_{2n+1}O^-)_{ads} + H^+ \longrightarrow (C_nH_{2n}O)_{ads} + H_2 \qquad (3-5)$$

$$(C_nH_{2n}O)_{ads} + (3n-1)O^-_{ads} \longrightarrow nCO_2 + nH_2O + (3n-1)e^- \qquad (3-6)$$

然而，上述解释只是一种猜测，没有得到可靠的实验数据的验证。这主要是由于测试气体的量相对较少，很难通过使用合适的检测方法直接捕捉可靠的成分变化。1999 年，Costello 等 [119] 报道了丁醇气体可以在 350 ℃ 的工作温度下被 SnO₂-ZnO 复合材料催化氧化并通过使用色相色谱 - 质谱 MS 技术得到了中间产物丁醛及其进一步氧化分解的产物。这表明通过调整色谱 - 质谱联用仪的实验条件，是可以获得一些实验数据对氧化物基材料的醇类传感机制进行深入研究的。而且，目前很少有同时分析传感材料暴露于测试气体后，金属氧化物的表面变化和醇类气体的氧化分解产物，从而揭示其醇敏机理的报道。

最近的研究表明，金属氧化物与微量碳的复合有助于改善材料本身的性能。含碳的 TiO₂（C-TiO₂）是一种重要的金属氧化物基材料，其具有优异的物理化学性质，已被广泛应用于光催化 [120-125]、光降解 [126-128] 和钠离子电池 [129] 等领域，但在气体传感领域检测醇类气体的研究报道很少 [9,130,131]。目前，C-TiO₂ 的合成方法主要包括原位热处理法、水热 / 溶剂热法、溶胶 - 凝胶法和凝胶 - 水热法，复合材料中的碳主要来自其他原料，如石墨烯、碳纳米管等，这大大增加了成本。因此，在不添加任何其他碳材料的情况下，通过一步水热法设计合成 C-TiO₂ 纳米材料，并将其应用于探索醇类气体的气敏性能是很有意义的。

本章通过简单的溶剂热法和后期的烧结成功制备了 C-TiO₂ 纳米粒子。与纯 TiO₂ 相比，碳掺杂明显增强了 TiO₂ 纳米粒子对醇类气体的响应。更重要的是，笔者通过 X 射线光电子能谱法、气相色谱法、气相色谱 - 质谱法等表征方法进一步探索了正戊醇气体的气敏机理并进行了详细的讨论。

3.2   实验结果与讨论

3.2.1   反应条件对产物气敏性能的影响

笔者以乙酰丙酮氧钛为原料，正丁醇、水和冰乙酸为溶剂，通过简单的一步水热法合成 TiO_2 纳米粒子并在制备过程中考察了溶剂的比例、反应温度、反应时间和不同气氛下烧结温度对产物气敏性能的影响。接下来针对这几种因素分别进行阐述。

（1）溶剂比例对产物气敏性能的影响。笔者为了准确考察溶剂比例对产物气敏性能的影响，依据单一变量原则，保持乙酰丙酮氧钛的量为 3 mmol（0.7864 g）、正丁醇 20 mL、反应温度 180 ℃、反应时间 10 h 不变的情况下，将溶剂中水和冰乙酸比例分别设定为 15 ： 0、10 ： 5 和 5 ： 10。产物在氮气气氛下 600 ℃ 烧结 2 h 后，将其制备成气敏元件并测试该气敏元件在不同工作温度下对 100 ppm 醇类气体的灵敏度（见图 3-1、图 3-2）。

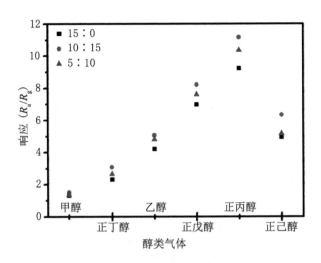

图 3-1 基于不同溶剂（水和冰乙酸）比例合成的材料在 170 ℃ 下
对不同碳链醇类气体的灵敏度

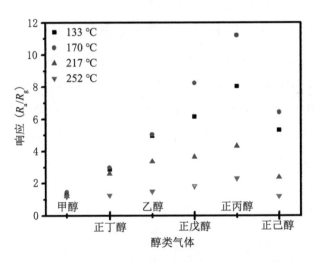

图 3-2 基于不同工作温度下溶剂比例 10 ： 5 合成材料对不同
碳链醇类气体的灵敏度

由图 3-1 可以看出，当传感器在工作温度 170 ℃ 时，水和冰乙酸比例为 10 ： 5 条件下制备的材料对不同碳链的醇类气体表现出更好的气敏性能，因此确定反应过程中水和冰乙酸的比例应为 10 ： 5。由图 3-2

可以看出，当溶剂中水和冰乙酸的比例为 10 ∶ 5 时，传感器对 100 ppm 醇类气体的灵敏度呈现相同的变化趋势，即随着工作温度的升高灵敏度逐渐增大，在 170 ℃ 时灵敏度达到最大值，而后随着工作温度的继续增加，灵敏度逐渐减小。在同一工作温度下，器件的响应随碳链增加而增大，对正戊醇气体具有最好的气体响应，对 100 ppm 的正戊醇气体的灵敏度为 11.12，继续增加碳链长度则响应下降。此外，器件虽然在 133 ℃ 也具有相对较好的响应，但由于其工作温度较低，导致器件的恢复时间相对较长。因此，考虑到气体传感器的实际应用，为了获得具有较高醇敏性能的纳米材料，选择 170 ℃ 作为气体传感器对不同碳链醇类气体的最佳检测温度并将 10 ∶ 5 确定为溶剂中水和冰乙酸的最佳比例用于后续 $C-TiO_2$ 纳米材料的合成。

（2）反应温度对产物气敏性能的影响。为了考察反应温度对产物气敏性能的影响，实验保持体系中乙酰丙酮氧钛的量为 3 mmol（0.7864 g）、正丁醇 20 mL、溶剂中水和冰乙酸比例为 10 ∶ 5、反应时间 10 h 不变的情况下，改变反应温度分别为 120 ℃、140 ℃、160 ℃、180 ℃、200 ℃ 和 220 ℃。产物在氮气气氛下 600 ℃ 烧结 2 h，将其制备成气敏元件，并在最佳工作温度 170 ℃ 下测试其对 100 ppm 不同碳链醇类气体的灵敏度（见图 3-3）。

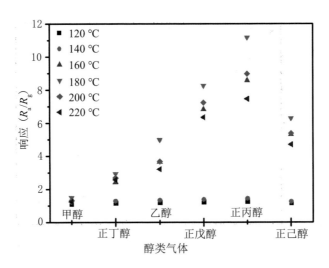

图 3-3　不同反应温度合成的材料在最佳工作温度 170 ℃ 下
对不同碳链醇类气体的灵敏度

由图 3-3 可以看出，当反应温度低于 180 ℃ 时，传感器在最佳工作温度 170 ℃ 下，对不同碳链的醇类气体的灵敏度随着反应温度的升高而逐渐增大；当反应温度高于 180 ℃ 时，传感器对不同碳链的醇类气体的灵敏度随着反应温度的增加而逐渐减少。因此可以得出结论，即当反应温度为 180 ℃ 时，气体传感器的灵敏度达到最大值。为了获得具有较高醇敏性能的纳米材料，笔者在后续的工作中选用 180 ℃ 作为合成 C-TiO₂ 纳米材料的最佳反应温度。

（3）反应时间对产物气敏性能的影响。为了考察反应时间对产物气敏性能的影响，实验保持体系中乙酰丙酮氧钛的量为 3 mmol（0.7864 g）、正丁醇 20 mL、溶剂中水和冰乙酸比例为 10 ∶ 5、反应温度为 180 ℃ 不变的情况下，改变反应时间分别为 2 h、6 h、10 h、16 h、20 h 和 24 h。产物在氮气气氛下 600 ℃ 烧结 2 h，将其制备成气敏元件并在最佳工作温度 170 ℃ 下测试其对 100 ppm 不同碳链醇类气体的灵敏度，结果如图 3-4 所示。

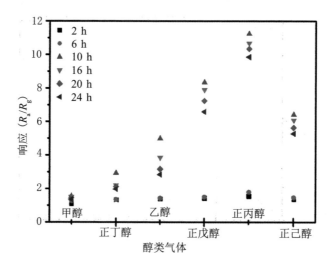

图 3-4　不同反应时间合成的材料在最佳工作温度 170 ℃ 下
对不同碳链醇类气体的灵敏度

由图 3-4 可以看出，传感器在最佳工作温度为 170 ℃ 时，反应时间为 10 h 制备的 C-TiO$_2$ 对 100 ppm 不同碳链长度的醇类气体表现出最佳气敏性能，因而，为了获得具有较高醇敏性能的纳米材料，在后续的工作中选用反应时间 10 h 作为合成 C-TiO$_2$ 纳米材料的最佳反应时间。

（4）不同气氛烧结对产物气敏性能的影响。为了考察不同气氛烧结对产物气敏性能的影响，实验保持体系中乙酰丙酮氧钛的量为 3 mmol（0.7864 g）、正丁醇 20 mL、溶剂中水和冰乙酸比例为 10 : 5、反应温度为 180 ℃、反应时间 10 h 不变的情况下，将产物分别在空气气氛和氮气气氛下 600 ℃ 烧结 2 h，将其制备成气敏元件并在最佳工作温度 170 ℃ 下测试其对 100 ppm 不同碳链醇类气体的灵敏度（见图 3-5）。

由图 3-5 可以看出在最佳工作温度 170 ℃ 下，在氮气气氛下烧结后的材料的灵敏度要明显高于空气气氛下烧结后的材料，灵敏度约是其 3 倍。因此，为了获得具有较高醇敏性能的纳米材料，在后续的工作中选用在氮气气氛下烧结作为合成 C-TiO$_2$ 纳米材料的最佳条件。

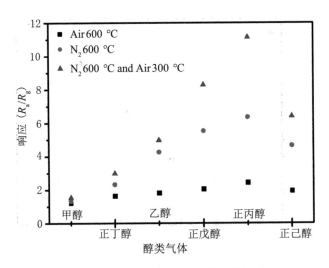

图 3-5 不同气氛下烧结的材料在最佳工作温度 170 ℃ 下
对不同碳链醇类气体的灵敏度

（5）不同烧结温度对产物气敏性能的影响。为了考察不同烧结温度
对产物气敏性能的影响，实验保持体系中乙酰丙酮氧钛的量为 3 mmol
（0.7864 g）、正丁醇 20 mL、溶剂中水和冰乙酸比例为 10 ∶ 5、反应温
度为 180 ℃、反应时间 10 h 不变的情况下，将产物分别在氮气气氛下
400 ℃、500 ℃、600 ℃ 和 700 ℃ 烧结 2 h，将其制备成气敏元件，并
在最佳工作温度 170 ℃ 下测试其对 100 ppm 不同碳链醇类气体的灵敏度
（见图 3-6）。

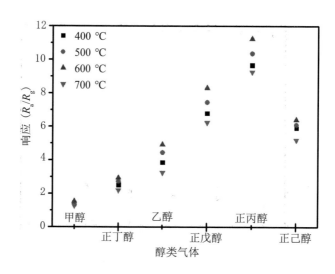

图3-6 在氮气气氛中不同温度下烧结的材料在最佳工作温度 170 ℃ 下对不同碳链
醇类气体的灵敏度

由图3-6可以看出，传感器在最佳工作温度为 170 ℃ 时，在氮气气氛下 600 ℃ 烧结后所得产物对 100 ppm 不同碳链长度的醇类气体表现出更好的气敏性能，因此，为了获得具有较好醇敏性能的纳米材料，笔者在后续的工作中选用在氮气气氛下 600 ℃ 烧结作为合成 C-TiO$_2$ 纳米材料的最佳烧结温度。

笔者通过对以上制备条件的考察，确定制备 C-TiO$_2$ 纳米材料的最佳条件为乙酰丙酮氧钛的量为 3 mmol（0.7864 g）、正丁醇 20 mL、溶剂水和冰乙酸的比例为 10 ： 5、反应温度为 180 ℃、反应时间 10 h 并在氮气气氛下 600 ℃ 烧结 2 h。

因后续研究需要对合成的样品进行详细的结构分析和气敏性能测试，所以，本书中将合成过程的白色前驱体粉末命名为 T1。将得到的 T3 样品在空气气氛下 300 ℃ 进一步热处理 1 h 所得的产物命名为 T4。

3.2.2 C-TiO$_2$纳米粒子的结构表征

（1）C-TiO$_2$纳米粒子前驱体及不同气氛下烧结后产物的热分析。为了确定产物的最佳烧结温度，实验应用热重分析仪分析前驱体的热稳定性。为了考察在不同气氛烧结后产物中碳残留量，实验通过热重曲线探究了在不同气氛下烧结后产物碳含量的变化。图 3-7 为在最佳合成条件下所得产物的前驱体（T1）、空气气氛下 600 ℃ 烧结后（T2）、氮气气氛下 600 ℃ 烧结后（T3）和氮气气氛下 600 ℃ 烧结后在空气气氛下 300 ℃ 烧结后（T4）产物的热重曲线。

由图 3-7（a）可以看出，在 30 ～ 800 ℃ 的升温过程中，T1 的失重主要分为 2 个阶段：在 30 ～ 480 ℃ 表现出明显的失重，这主要是源于物理吸附水的损失、由颗粒表面上的羟基缩合形成的水的损失以及样品表面少量有机碳的失去。在 480 ～ 800 ℃，曲线较为平稳，无明显波动，说明在此温度下产物稳定。由以上分析可以得出结论，为了得到稳定的 TiO$_2$ 纳米材料，烧结温度应高于 540 ℃。结合气敏性能测试结果（见图 3-6），实验选择 600 ℃ 为最佳烧结温度制备 TiO$_2$ 纳米粒子。实验在不同气氛下 600 ℃ 进行热处理的 T2、T3 和 T4 样品中碳的质量百分比分别为 0.09 %、0.60 % 和 0.31 %。

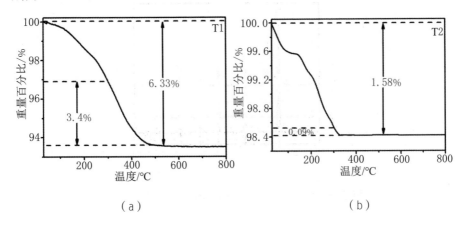

（a）　　　　　　　　　　　（b）

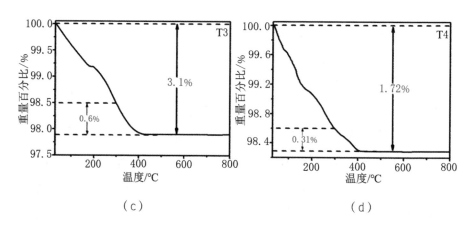

（c）　　　　　　　　　　　　（d）

图3-7　T1、T2、T3和T4样品的热重曲线

（2）C-TiO$_2$纳米粒子的物相分析。为了获得稳定且具有良好气体传感性能的锐钛矿相TiO$_2$，探究碳掺杂对传感性能的影响，实验将前驱体在600 ℃不同气氛下烧结2 h。T1、T2、T3和T4样品的X射线衍射图（见图3-8）。样品在25.3°、37.8°、48.1°、53.9°、55.1°和62.7°的主要衍射峰分别与锐钛矿相TiO$_2$的（101）、（004）、（200）、（105）、（211）和（204）晶面相对应（JCPDS No.21-1272）。可以证明，所有的样品包括前驱体T1在内都是纯锐钛矿相。此外，这些峰窄而尖锐、强度高，这说明样品在600 ℃烧结后具有高的结晶度。

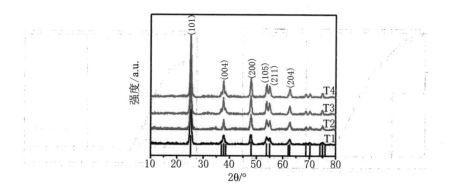

图3-8　T1、T2、T3和T4样品的X射线衍射图

T1、T2、T3 和 T4 样品的拉曼光谱（见图 3-9）显示，T3 和 T4 在 1585 cm⁻¹ 处有明显特征峰，该峰对应碳材料的 G 带，说明这两个样品含有大量的石墨化碳[130, 132]。特别是 T3 显示出较高的拉曼峰，表明氮气气氛下烧结后的样品中含有更多的碳。

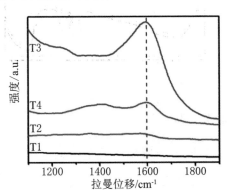

图 3-9　T1、T2、T3 和 T4 样品的拉曼光谱图

T1～T4 样品的傅里叶变换红外光谱图（见图 3-10）。从图中可以看出，T1 样品中 3300～3800 cm⁻¹ 的宽吸收峰与 -OH 基团的拉伸振动有关。形成宽吸收峰的主要原因是 -OH 基团之间形成氢键。这表明，产物 T1 中含有大量的水分子。T1 样品在 1631 cm⁻¹、1533 cm⁻¹ 和 1427 cm⁻¹ 的特征峰，归因于 C-C 键、C＝O 键和 C＝C 键的伸缩振动，主要是源于原料中残留的有机物，这证明前驱体中残留了有机物。在不同气氛下烧结后（T2～T4 的红外光谱图），除了 Ti-O（760 cm⁻¹ 附近）和 H₂O（1634 cm⁻¹ 附近）外，所有有机物的峰都消失了，而且所有的样品在 760 cm⁻¹ 附近都有一个明显的特征吸收峰，这主要是归因于 Ti-O-Ti 键的拉伸振动[133]。

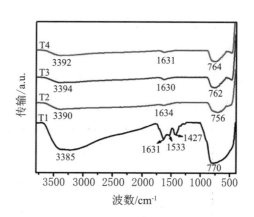

图 3-10 T1、T2、T3 和 T4 样品的红外光谱图

（3）3C-TiO₂ 纳米粒子的形貌和精细结构。图 3-11 是样品 T4 的扫描电子显微镜图，图 3-12 是样品 T4 的透射电子显微镜图，图 3-12b 中的插图为样品 T4 的快速傅里叶变换图。从图 3-11 和 3-12（a）可以看出，实验合成的 C-TiO₂ 呈现出纳米粒子的形态，直径为 30±8 nm。图 3-12（a）、图 3-12（b）及图 3-12（b）中的插图显示了 0.35 nm 的晶格间距，这对应 TiO₂ 的（101）晶面。由于碳的含量较少，从图 3-12（b）可以看出，少量石墨化碳主要分布于 TiO₂ 纳米粒子的表面。这也表明该产物是含碳的 TiO₂（C-TiO₂）。

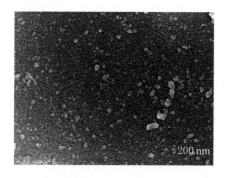

图 3-11 样品 T4 的扫描电子显微镜图

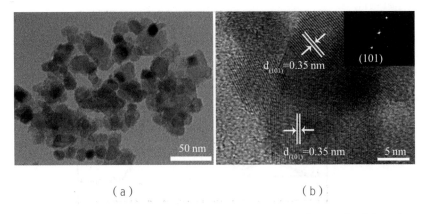

（a）　　　　　　　　　　　　　（b）

图 3-12　样品 T4 的透射电子显微镜图和快速傅里叶变换图（b 的插图）

（4）C–TiO₂ 纳米粒子的 X 射线光电子能谱分析。实验利用 X 射线光电子能谱进一步确认 T4 样品中碳的存在（图 3-13、图 3-14）。该样品的 X 射线光电子能谱全谱图（见图 3-13），其中 Ti、C 和 O 3 种元素清晰可见。曲线是 C 1s 的精细谱图（见图 3-14），分别在 284.55 eV、286.20 eV 和 288.66 eV 有明显的 3 个峰，分别对应于元素碳的 C-C、C=O 和 C=C 键的特征峰。在 281 eV 处没有出现 TiC 的明显特征峰，这进一步表明该产物是 C–TiO₂。

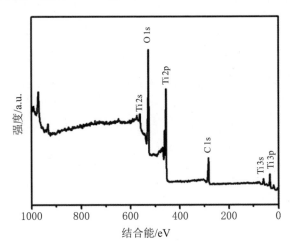

图 3-13　T4 样品的 X 射线光电子能谱全谱图

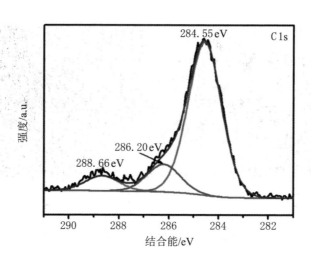

图 3-14 T4 样品的 X 射线光电子能谱 C 1s 精细谱图

（5）C-TiO$_2$ 纳米粒子的比表面积和孔径分析。为了测定 C-TiO$_2$ 纳米粒子的比表面积和孔径分布，实验对不同气氛下烧结后产物进行 N$_2$ 吸附－脱附和孔径分布测试（见图 3-15）。C-TiO$_2$ 纳米粒子表现出明显的介孔特征，孔径最大峰值为 17.2 nm（见图 3-15 插图）。3 种材料的氮气吸附－脱附等温线均为典型的 IV 型曲线并带有 H3 滞后环，并且随着压力的明显增加，吸附能力逐渐增加。当相对压力大于 0.70 时，吸附能力急剧增加。不同气氛下烧结后的产物 T2、T3 和 T4 的比表面积大小分别为 48.38m^2·g^{-1}、53.51m^2·g^{-1} 和 65.94m^2·g^{-1}。较大的比表面积有利于更多的氧分子吸附在纳米粒子的表面，从而改善气体传感性能。

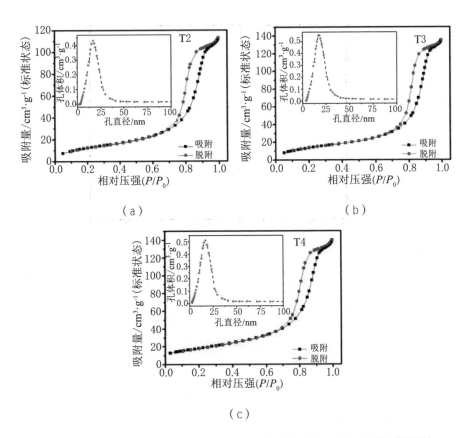

图 3-15 T2、T3 和 T4 样品的氮气吸附 – 脱附等温线和孔径分布图（插图）

3.2.3 C-TiO₂ 纳米粒子的气敏性能

众所周知，传感器的气体响应与工作温度密切相关。C-TiO₂（T4）传感器对 100 ppm 正戊醇气体的响应（见图 3-16）。在 133 ~ 170 ℃的工作温度范围，T4 纳米粒子传感器对正戊醇气体的响应灵敏度随着工作温度的升高而增加并在 170 ℃时达到最大值（S=11.12），然而随着工作温度进一步升高，灵敏度下降。因此，实验确定该传感器的最佳工作温度为 170 ℃。下面的气体传感器性能测试都是在 170 ℃下完成。

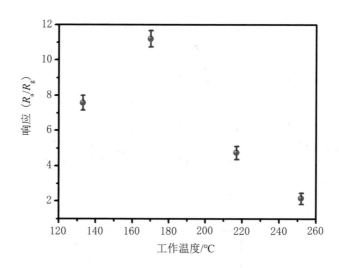

图 3-16　不同工作温度下 T4 样品对 100 ppm 正戊醇气体的响应

　　为了评估 T4 对正戊醇气体的选择性，实验在 170 ℃ 下测试了传感器对 100 ppm 不同气体的响应，包括氨（NH_3）、三乙胺（TEA）、苯胺（C_6H_7N）、二甲苯（C_8H_{10}）、异丙醇（IPA）、苯（C_6H_6）、二甲胺（DMA）、正丁醇（$C_4H_{10}O$）和正戊醇（$C_5H_{12}O$）（见图 3-17）。T4 对上述气体的响应灵敏度大小（$S = R_a/R_g$）分别为 1.12、1.59、2.36、1.89、1.20、1.35、1.90、8.46 和 11.12。由此可以计算出正戊醇气体对氨、三乙胺、苯胺、二甲苯、异丙醇、苯和二甲胺的选择性系数分别为 9.93、6.99、4.71、5.88、9.26、8.24 和 5.85，这表明 T4 传感器对正戊醇气体具有良好的选择性。

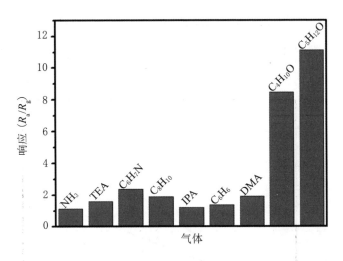

图 3-17 在 170 ℃下 T4 样品对 100 ppm 9 种不同气体的选择性

有趣的是，T4 传感器对醇类气体显示出良好的响应（见图 3-17）。在 170 ℃下，T4 传感器对不同碳链的醇类气体（包括甲醇、乙醇、正丙醇、正丁醇和正戊醇）也有不同的响应（见图 3-18），响应随着碳链长度从 C1 到 C5 的增加而增加，而在碳链长度超过 6（正己醇）后，响应反而减少。类似的结果也出现在 T2 和 T3 样品中。

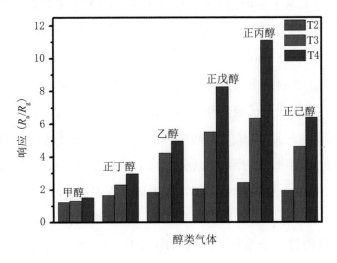

图 3-18 在 170 ℃下 T2、T3、T4 样品对不同碳链醇类气体的响应

而且 T2、T3 和 T4 样品也显示出响应灵敏度与目标气体的碳链长度（C1～C5）有良好的线性关系。所有的线性相关系数都超过了 0.97（见图 3-19）。为什么 C-TiO$_2$ 样品的响应会随着碳链长度的变化而变化呢？

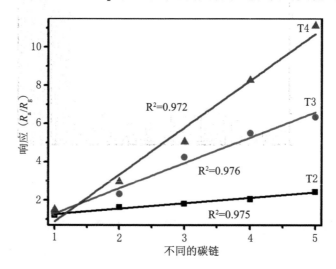

图 3-19　在 170 ℃ 下 T2、T3、T4 样品的响应与碳链长度的线性关系

为了解释这一现象，作者进行了密度泛函理论计算。不同碳链长度醇类气体的氧原子都吸附在锐钛矿相 TiO$_2$（101）平面的 Ti5c 上（见表 3-1），这与以前的报道一致[134-136]。前面的测试结果表明，随着碳链长度的增加（CH$_3$(CH$_2$)$_{n-1}$OH，n=1～6），响应灵敏度先逐渐增加（C1～C5），之后又出现降低，这主要是由于锐钛矿相 TiO$_2$ 表面存在两种竞争性吸附（分子吸附和解离吸附），而碳链较长的醇类气体在锐钛矿 TiO$_2$ 表面一般具有更大的解离能力，因此对于（CH$_3$(CH$_2$)$_{n-1}$OH，n=1～5），解离吸附占据绝对优势。由表 3-1 发现，从甲醇到正戊醇的解离能逐渐增大，这一趋势也与气敏测试过程中从 C1～C5 的电信号逐渐增强一致。在正己醇时响应略有降低，这种相反现象的可能原因是随着碳链长度的进一步增加（CH$_3$(CH$_2$)$_{n-1}$OH，n＞5），醇类气体和 TiO$_2$ 表面之间的排斥作用阻止了醇类气体的进一步解离吸附，此时分子吸附

占据绝对优势，这意味着正己醇的分子吸附效果不如正丁醇和正戊醇的解离吸附好，故其响应不如正戊醇。从宏观上看，不同碳链醇类气体气敏响应显示出类似的趋势。

表 3-1　不同碳链的醇类气体在 C-TiO₂ 的（101）晶面上 Ti5c 的解离、吸附能大小

检测气体	分子吸附能 / eV	解离吸附能 / eV	解离能 / eV
甲醇	−0.800	−1.810	−0.0310
乙醇	−0.680	−4.550	−0.160
正丙醇	−0.660	−3.550	−0.210
正丁醇	−0.580	−3.500	−0.310
正戊醇	−0.520	−4.610	−0.330
正己醇	−0.670	−4.570	−0.260

以上结果表明，C-TiO₂ 纳米粒子气体传感器在检测不同碳链长度醇类气体方面具有潜在的应用价值。目前，已有文献报道称微量碳掺杂对气体响应有一定的影响[137-140]，因此实验进一步研究了碳含量对气体响应及传感器电导率的影响。碳含量越多（T2 < T4 < T3），传感器的初始电阻越小（T2 > T4 > T3）（见图 3-20），这是因为碳的导电性较好，碳材料的复合可以提高氧化物材料的导电性。气敏测试结果显示，3 个传感器的响应灵敏度的大小关系为 $S_{T2} < S_{T3} < S_{T4}$。这表明，气体响应灵敏度与材料中碳含量不成比例关系。T4 样品具有适当的碳掺杂量、相对适中的导电性和最大的比表面积，从而获得了最佳的气体传感性能。

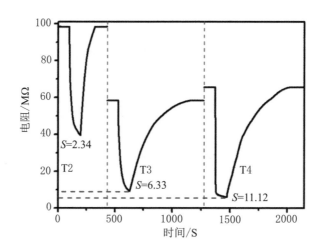

图 3-20 T2、T3、T4 样品在 170 ℃ 下对 100 ppm
正戊醇气体的响应和恢复曲线

从图 3-15 T2、T3 和 T4 3 种样品的氮气吸附 – 脱附等温线可以得知，3 种样品的比表面积大小为 T2＜T3＜T4。这表明，材料的比表面积也随着碳的增加而增加。T4 与 T3 相比，部分碳的损失使 TiO₂ 颗粒暴露得更加明显，3 种材料的表面吸附氧含量依次为 T2＜T3＜T4（见图 3-21）。这意味着少量碳的残留使表面吸附氧含量明显增加，气敏性能有效提高。因此，可以得出结论，适量的碳掺杂确实促进了 TiO₂ 纳米粒子对醇类气体的响应。其原因可能是适量的碳掺杂，增强了传感器的导电性，加快了材料表面的电子传递速度，增大了比表面，积从而降低了工作温度，提高了气体响应灵敏度。

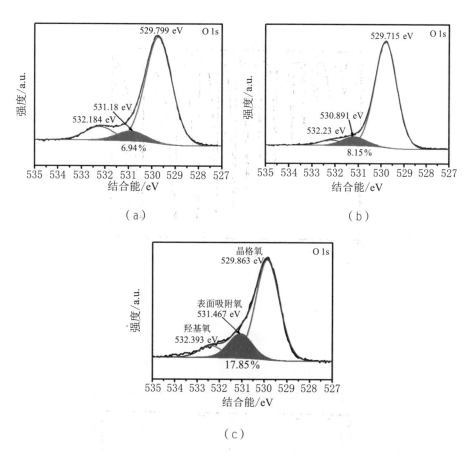

图 3-21 T2、T3 和 T4 样品的 X 射线光电子能谱 O 1s 精细谱图

T4 传感器在 170 ℃ 的最佳工作温度下对不同浓度的正戊醇气体响应和恢复曲线（见图 3-22）。T4 传感器的响应灵敏度随着正戊醇浓度的增加而增加，最低检测下限为 0.5 ppm，响应灵敏度为 1.15，对 1000 ppm 正戊醇气体的响应值高达 88.10。

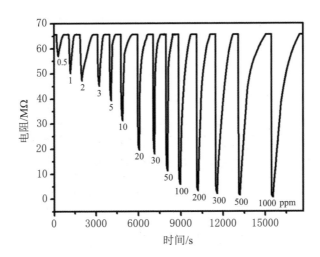

图 3-22　T4传感器在170 ℃下对不同浓度的正戊醇气体的响应和恢复曲线

可 以 看 出，C-TiO$_2$ 气 体 传 感 器 具 有 较 宽 的 线 性 测 试 范 围（0.5 ~ 1000 ppm），且其线性相关系数为 0.997（见图 3-23）。C-TiO$_2$纳米粒子的气体传感器在正戊醇气体检测方面具有良好的应用前景。

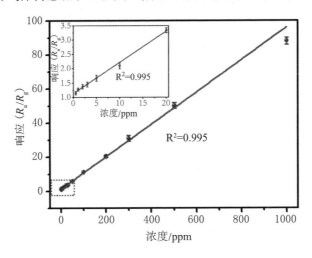

图 3-23　响应灵敏度与气体浓度（0.5 ~ 1000 ppm）的线性关系

为了评估该气体传感器在实际应用中的可能性，研究了 T4 气体传感器的可重复性和长期稳定性。图 3-15 显示了 T4 传感器对 100 ppm 正戊醇的 10 次连续响应。结果发现，传感器在连续 10 次传感测试后能恢复至起始电阻值（图 3-24），10 次测试结果的标准偏差仅为 0.33%，这表明 C-TiO₂ 气体传感器对正戊醇气体检测具有良好的可重复性。对 100 ppm 正戊醇的响应和恢复时间分别为 100 s 和 675 s。

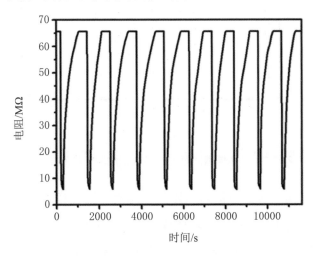

图 3-24　T4 气体传感器对 100 ppm 正戊醇气体的重复性

此外，该传感器在储存 120 d 后对 100 ppm 正戊醇的响应变化小于 4.4%。在此储存期间，每 20 d 对传感器的响应进行一次测试，6 次测试的响应平均值和标准偏差分别为 10.89 和 2.67%（图 3-25），表明 C-TiO₂ 气体传感器具有良好的长期稳定性。

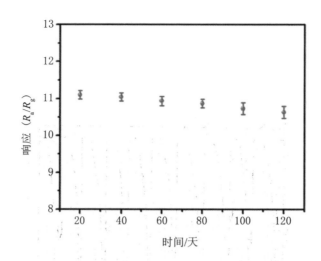

图 3-25　T4 气体传感器对 100 ppm 正戊醇气体的长期稳定性

　　由于空气相对湿度可能对气体传感器的响应有影响，因而研究了空气相对湿度 [141] 对 C-TiO$_2$ 传感器的影响。在 11.3% ～ 95.3% RH，C-TiO$_2$ 纳米粒子传感器对湿度的响应较小（1.09、1.18、1.13、1.12、1.09、1.09、1.08、1.07 和 1.12），变化范围不超过 2.5%（见图 3-26）。结果表明，C-TiO$_2$ 纳米粒子气体传感器具有良好的抗湿性能。

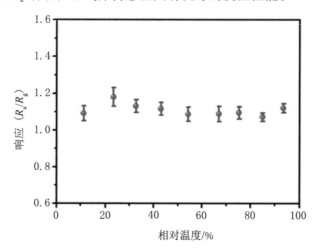

图 3-26　T4 气体传感器对 100 ppm 正戊醇气体的湿敏性质

3.2.4　C-TiO₂ 纳米粒子的气敏机理

C-TiO₂ 对醇类气体的气敏机理可以从以下两个方面考虑。

（1）传感材料暴露于目标气体前后的表面分析。通过理论计算（见表 3-1）可以看出，醇类气体通过形成 O-Ti 键吸附在 TiO₂ 表面，然后醇类气体会与材料表面的表面吸附氧发生反应。为了进一步证明这一过程，笔者用 X 射线光电子能溥仪测试了 C-TiO₂ 与正戊醇气体作用前后材料表面的变化。X 射线光电子能溥仪结果显示，C-TiO₂ 气体传感器接触正戊醇后，Ti 2p1/2（464.2 eV）和 Ti 2p3/2（458.5 eV）的峰没有发生变化（见图 3-27）。

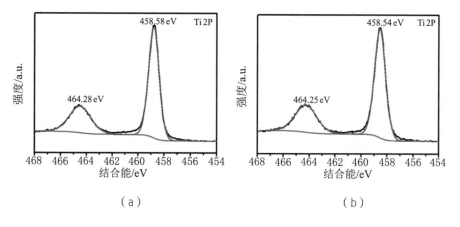

图 3-27　T4 传感器的 Ti 2p X 射线光电子能谱光谱

注：图（a）为暴露于 100 ppm 正戊醇之前；图（b）为暴露于 100 ppm 正戊醇之后。

然而，表面吸附氧的含量在相互作用后从 17.85% 变为 12.93%（见图 3-28），表明 C-TiO₂ 纳米粒子表面吸附氧参与了与正戊醇气体的反应。

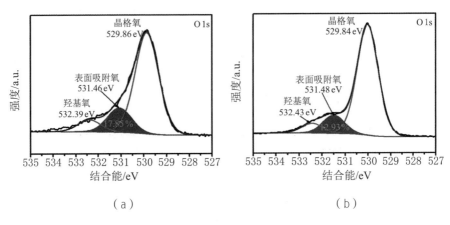

图 3-28　T4 传感器的 O 1s X 射线光电子能谱光谱

注: 图 (a) 为暴露于 100 ppm 正戊醇之前; 图 (b) 为暴露于 100 ppm 正戊醇之后。

（2）正戊醇气体与 C-TiO₂ 相互作用后的气态产物分析。笔者将正戊醇气体的氧化产物通过气相色谱法、气相色谱—质谱法进行了分析，得到了正戊醇气体与 $C\text{-}TiO_2$ 在 170 ℃ 最佳工作温度下接触 30 min 后产生的气态产物的气相色谱（见图 3-29）和质谱（见图 3-30）。从气相色谱图中可以观察到保留时间为 2.17 min 时的洗脱峰，如图 3-29（a）所示，相应的质谱图显示 $m/z=86$ 的强分子离子峰，如图 3-30（a）所示，这些结果可以推测其为正戊醛分子。因此得出结论，当 $C\text{-}TiO_2$ 气体传感器在 170 ℃ 最佳工作温度下与正戊醇气体接触后，实验产生的中间产物为正戊醛，进一步推断出发生了氧化脱氢过程。然而，在同样的条件下，如果在 U 型管中不加入 $C\text{-}TiO_2$ 纳米材料而简单地在 170 ℃ 加热正戊醇气体，其产物仍然是正戊醇气体，如图 3-29（b）和图 3-30（b）所示。这证实了正戊醛是通过正戊醇气体与 $C\text{-}TiO_2$ 纳米粒子反应形成的，而不是单纯的加热正戊醇气体本身形成的。

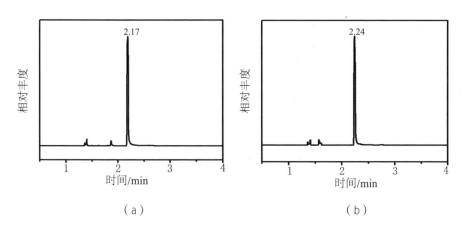

图3-29 在170℃下正戊醇气体产生的中间产物的气相色谱图

注：图（a）为添加 C-TiO₂ 的情况下；图（b）为不添加 C-TiO₂ 的情况下。

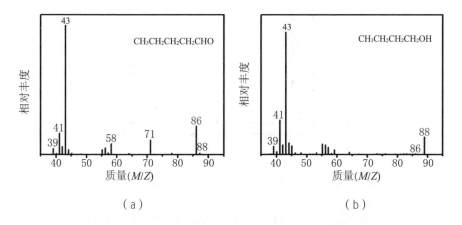

图3-30 在170℃下正戊醇气体产生的中间产物的质谱图

注：图（a）为添加 C-TiO₂ 的情况下；图（b）为不添加 C-TiO₂ 的情况下。

通过气相色谱进一步分析最终的分解产物，可以看出，如果不向系统中注入正戊醇，即系统中只有空气，体系中的二氧化碳和水的含量没有明显变化，也没有明显的其他物质的特征峰（见图3-31）。

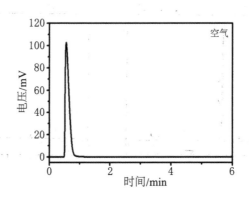

图 3-31　空气气氛中 CO_2 和 H_2O 含量的气相色谱图

然而，当正戊醇气体被注入体系中时，体系中的二氧化碳和水的含量明显增加（见图 3-32）。

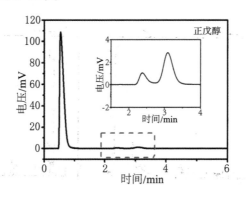

图 3-32　正戊醇气氛中 CO_2 和 H_2O 含量的气相色谱图

此外，在相同条件下，当正丁醇作为待测气体时，其变化过程类似，即正丁醇首先被氧化为正丁醛（见图 3-33、图 3-34），最后分解为二氧化碳和水。虽然正戊醇和正丁醇氧化的中间产物不同，但最后的分解产物是相同的，这与上述实验结果一致。

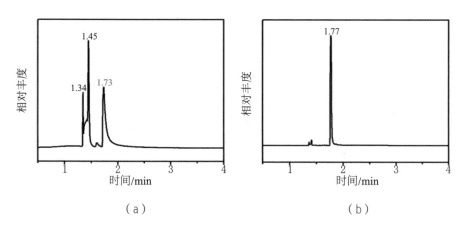

（a）　　　　　　　　　　　（b）

图 3-33　在 170 ℃ 下正丁醇产生的中间产物的气相色谱图

注：图（a）为添加 C-TiO₂ 的情况下；图（b）为不添加 C-TiO₂ 的情况下。

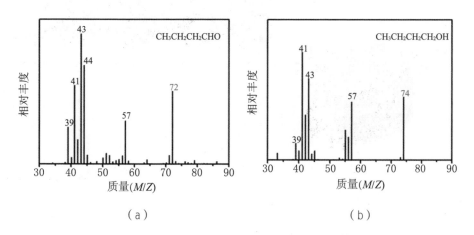

（a）　　　　　　　　　　　（b）

图 3-34　在 170 ℃ 下正丁醇产生的中间产物的质谱图

注：图（a）为添加 C-TiO₂ 的情况下；图（b）为不添加 C-TiO₂ 的情况下。

综上所述，C-TiO₂ 纳米粒子对醇类气体的气敏机理（见图 3-35）可以推测为如下步骤醇类气体分子首先在 C-TiO₂ 表面发生吸附形成 O-Ti 键，然后与材料的表面吸附氧发生反应。随后，醇类气体氧化分解形成中间产物醛。最后，随着反应时间的延长，中间产物继续氧化分解形成二氧化碳和水。反应方程式如下：

$$O_{2\ gas} \longrightarrow O_{2\ ads} \tag{3-7}$$

$$O_{2\ ads} + 2e^- \longrightarrow 2O^-_{ads} \tag{3-8}$$

$$(C_5H_{11}OH)_{gas} \longrightarrow (C_5H_{11}OH)_{ads} \tag{3-9}$$

$$(C_5H_{11}OH)_{ads} + O^-_{ads} \longrightarrow (C_5H_{10}O)_{ads} + H_2O + e^- \tag{3-10}$$

$$(C_5H_{10}O)_{ads} + 14O^-_{ads} \longrightarrow 5CO_2 + 5H_2O + 14e^- \tag{3-11}$$

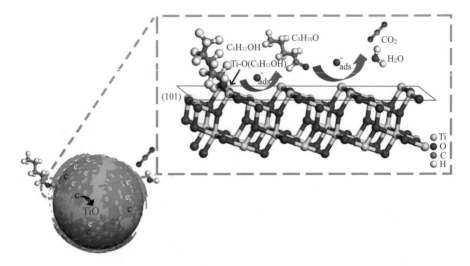

图 3-35　C-TiO$_2$ 传感器对正戊醇气体的气敏机理示意图

3.3　本章小结

本章以乙酰丙酮氧钛为原料，正丁醇、水和冰乙酸为溶剂，通过简单的无模板溶剂热法制备了直径为 30±8 nm C-TiO$_2$ 纳米粒子，其中的 C 源于自身的原料。在合成过程中，笔者通过考察溶剂比例、反应温度、反应时间、不同气氛烧结，以及不同烧结温度对所制备材料的气敏性能的影响，最终确定其最佳合成条件为乙酰丙酮氧钛 3 mmol（0.7864 g）、正丁醇 20 mL、溶剂中水和冰乙酸比例为 10 ∶ 5、反应温度为 180 ℃、反应时间 10 h 并在氮气气氛下 600 ℃ 烧结 2 h。

C-TiO₂ 纳米粒子的传感器在低工作温度 170 ℃ 下表现出优异的气敏性能，对不同碳链长度的醇类气体表现出有规律的响应，即响应灵敏度随着碳链长度从 C1 到 C5 的增加而增加，随后降低。C-TiO₂ 纳米粒子传感器在 170 ℃ 时对正戊醇气体有较高的响应灵敏度（100 ppm，S=11.12），比纯锐钛矿相 TiO₂ 的响应高 5.4 倍，并且传感器对正戊醇气体具有良好的可重复性、抗湿性和良好的响应 – 浓度线性范围（0.5 ～ 1000 ppm）。

实验通过采用理论计算和实验研究相结合的方法研究了 C-TiO₂ 的醇敏机理。理论计算结果表明，醇类气体分子首先通过与 C-TiO₂ 材料表面发生吸附形成 O-Ti 键。实验通过 X 射线光线电子能溥仪进一步测试发现醇类气体与材料的表面吸附氧发生反应。实验通过气相色谱法、气相色谱 – 质谱法研究了 C-TiO₂ 材料与醇类气体接触后的氧化过程，证实了中间产物是醛类气体，并最终发生氧化分解生产产物二氧化碳和水。这一结果为开发醇类气体传感器提供了理论和实践基础。

4 离子液体（$[C_{12}mim][PF_6]$）辅助合成 $TiO_2/Ti_2O(PO_4)_2$ 纳米片及其对三甲胺的气敏性能

4.1 引言

随着环境污染的日益严重，为了保证人们的健康，对有毒有害气体的实时监测显得尤为重要。三甲胺[142]是一种常见的挥发性有机胺类气体，属于国家颁布的8种主要恶臭污染物之一，也是生物领域和食品工业中释放的有毒气体之一，对人体的眼睛、鼻子、喉咙和呼吸道等部位有强烈的刺激作用。三甲胺被认为是评价海产品新鲜度的重要指标[84]，一般来说，海产品新鲜时所释放的三甲胺气体浓度小于10 ppm。人体呼出的气体中三甲胺浓度大于0.2 ppm是肾脏出现疾病的一种信号。因此，实时检测三甲胺气体对海产品养殖和医学诊断都具有重要意义。目前，人们已经制备了多种金属氧化物用于检测三甲胺气体，如SnO_2[143, 144]、WO_3[145]、Fe_2O_3[84,146]、ZnO[147, 148]、In_2O_3[149, 150]、MoO_3[151]等，但这些金属氧化物普遍存在工作温度高、灵敏度低、响应/恢复速度慢等缺点。二氧化钛（TiO_2）[152]是一种常见的具有宽带隙的n型金属氧化物半导体。由于二氧化钛稳定的物理和化学性质、合适的电子能带结构和稳定的热处理工艺，目前已在湿度/气体传感器[153, 154]、光催化剂[155, 156]、光电催化[157, 158]、锂离子电池[159, 160]、储能[161]、太阳能电池[162]等领域得到广泛的关注。然而，TiO_2具有较大的带隙能量和较高的电阻，这限制了它在气体传感器领域的应用，特别是对三甲胺气体的高灵敏度检测。

改善材料气敏性能的方法包括调节材料微观结构[137]、掺杂催化元素[163, 164]和表面功能化[5]，其中通过添加阴离子对金属氧化物进行修饰[85]是目前应用较广泛的方法。一般来说，阴离子是通过添加无机盐引入的，阴离子通过取代表面的羟基而吸附在材料表面。众所周知，磷酸根[165, 166]可以通过取代表面羟基而强烈地吸附在TiO_2的表面，从而大大增强了 TiO$_2$ 的表面活性。早期人们对 TiO$_2$ 进行磷酸盐改性的研究主要集中在提高 TiO$_2$ 的比表面积、热稳定性和增强光催化性能。但由于无机盐的吸附性强，不利于严格控制磷酸盐在表面的吸附量，因此人们有必要寻找有机盐进行替代。室温离子液体[167] 具有蒸气压低、溶解能力强、热稳定性高、电导率适中、液相范围宽、表面张力低等明显优势，不仅能有效地调节产物形貌，而且还能在合成过程中提供所需的官能团。例如，人们以 [C$_{12}$mim][Br] 为辅助剂在水热合成条件下制备 α -Fe$_2$O$_3$ 介孔纳米棒阵列[84]，通过 [Bmim][BF$_4$] 的辅助水热法合成雪花状 ZnO 材料[85]，使用 [Bmim][Cl] 和 [Bmim][BF$_4$] 通过辅助微波水热法合成了 Ti^{3+} 自掺杂的 TiO$_2$ 空心纳米材料[168]，采用 [Bmim][Cl] 和 [Dmim][Cl] 作为辅助剂通过溶剂热法合成 TiO$_2$ 球[169]。虽然关于离子液体辅助合成 TiO$_2$ 纳米材料的报道有很多，但二维结构的合成相对较少。纳米片等二维材料因其独特的低密度性和电荷载流子迁移方向而备受关注，但目前还没有关于离子液体辅助合成 TiO$_2$ 纳米片二维结构的气体传感性能的报道。如果选择合适的离子液体，利用其在合成过程中调节产物结构和引入阴离子的作用，有望实现 TiO$_2$ 优异的气敏性能。因此，本章采用离子液体（[C$_{12}$mim][PF$_6$]）辅助一步溶剂热法结合烧结处理制备了 Ti$_2$O(PO$_4$)$_2$ 复合的 TiO$_2$ 纳米片（步骤见图 4-1）。人们基于获得的 TiO$_2$/Ti$_2$O(PO$_4$)$_2$ 纳米片的气体传感器，在最佳工作温度 170 ℃下对三甲胺气体表现出优异的气敏性能，即良好的选择性、高灵敏度和宽线性浓度范围。该传感器对 100 ppm 的三甲胺气体的灵敏度可达 87.46，是纯相 TiO$_2$ 的 16.5 倍。实验还探究了离子液体的类型和掺杂量对气敏性能的影响，着重研究了 TiO$_2$/Ti$_2$O(PO$_4$)$_2$ 纳米片复合材料对三甲胺气体的气敏机理。

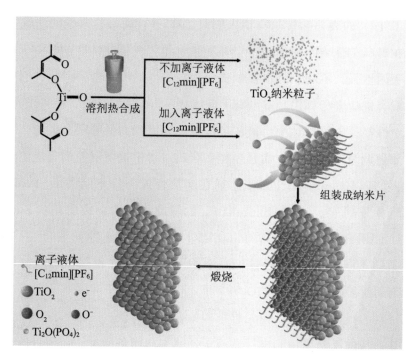

图 4-1 TiO₂/Ti₂O(PO₄)₂ 纳米片制备示意图

4.2 实验结果与讨论

4.2.1 反应条件对产物形貌的影响

本章以乙酰丙酮氧钛为原料，离子液体 [C₁₂mim][PF₆] 为形貌调节剂和阴离子添加剂，采用简单的一步水热法成功制备了 TiO₂/Ti₂O(PO₄)₂ 纳米片。在制备的过程中，笔者发现反应条件，如离子液体的阴离子种类、离子液体的加入量、反应温度、反应时间、烧结温度等均对产物的形貌和气敏性能有较大的影响。接下来，从这几个方面对材料的合成进行细化考察。

4 离子液体（[C₁₂mim][PF₆]）辅助合成TiO₂/Ti₂O(PO₄)₂纳米片及其对三甲胺的气敏性能

（1）离子液体的阴离子种类对产物形貌的影响。本研究所选离子液体是由十二烷基碳链的 -3- 甲基咪唑阳离子和不同阴离子组成的一类化合物，不同的阴离子官能团具有不同的性质。本章在第 3 章最佳合成条件的基础上引入离子液体，首先考察了不同阴离子官能团对产物形貌的影响，从而确定合成 $TiO_2/Ti_2O(PO_4)_2$ 纳米片所用离子液体种类。

在反应过程中，笔者保持 3 mmol 乙酰丙酮氧钛（0.7864 g）、溶剂（20 mL 正丁醇 +10 mL 水 +5 mL 冰乙酸）不变，分别加入 3.2 mmol 不同种类离子液体，其中，图 4-2（a）为不加离子液体，图 4-2（b）为加入 1- 十二烷基 -3- 甲基咪唑六氟磷酸盐（[C₁₂mim][PF₆]），图 4-2（c）为加入 1- 十二烷基 -3- 甲基咪唑四氟硼酸盐（[C₁₂mim][BF₄]），图 4-2（d）为加入 1- 十二烷基 -3- 甲基咪唑三氟甲磺酸盐（[C₁₂mim][CSO₃F₃]）并在 180 ℃反应 12 h。在反应过程中，加入不同种类阴离子的离子液体所制得产物的扫描电子显微镜图（见图 4-2）。

（a）　　　　　　　　　　（b）

（c）　　　　　　　　　　（d）

图 4-2　产物的扫描电子显微镜图

当反应体系中不引入离子液体时，产物是由直径约 30 nm 的纳米粒子构筑的聚集体，粒子大小均匀。当体系中加入 1- 十二烷基 -3- 甲基咪唑六氟磷酸盐，产物为纳米片形结构，且大小均匀，形状完整，如图 4-2（b）所示。当体系中加入 1- 十二烷基 -3- 甲基咪唑四氟硼酸盐离子液体时，产物是由纳米粒子构筑而成的不规则的纳米球，且纳米球表面不光滑，大小不均匀，如图 4-2（c）所示。当体系中加入 1- 十二烷基 -3- 甲基咪唑三氟甲磺酸盐时，产物形貌仍是由纳米粒子构筑而成的聚集体，分布不够均匀，与不加离子液体的状态下合成的产物形貌差别不大（见 4-2d）。

为了进一步研究不添加或添加等量不同离子液体所得产物对三甲胺传感器性能的影响，笔者将所制备的 4 种样品分别命名为 PT、TP、TB 和 TS 并将所制备的样品均在 400 ℃、500 ℃、600 ℃和 700 ℃的温度下烧结。实验制备的气体传感器在 170 ℃的最佳工作温度下对 100 ppm 的三甲胺都有响应。从图 4-3 中可以直观地看到，TP-600 传感器对三甲胺气体表现出优异的气敏性能。这可能是由于 TP-600 的片状结构更有利于电子传输，而且该结构增加了与三甲胺气体的作用面积。因此，在后续的合成过程中，笔者选择离子液体 1- 十二烷基 -3- 甲基咪唑六氟磷酸盐（[C_{12}mim][PF_6]）为最佳形貌调节剂。

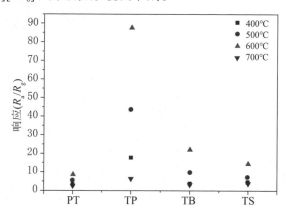

图 4-3　不同温度烧结后制备的传感器在 170 ℃下对 100 ppm 的
三甲胺气体的响应

（2）[C₁₂mim][PF₆]的加入量对产物形貌的影响。在离子液体辅助合成的整个过程中，离子液体的加入量对产物的形貌具有较大的影响。在反应过程中，笔者保持3 mmol乙酰丙酮氧钛（0.7864 g）、溶剂（20 mL正丁醇 +10 mL水 +5 mL冰乙酸）、反应温度180 ℃、反应时间12 h不变，改变[C₁₂mim][PF₆]的加入量分别为0.2 mmol、0.4 mmol、0.8 mmol、1.6 mmol、2.4 mmol、3.2 mmol、4.8 mmol和6.4 mmol所制备产物的扫描电子显微镜图（见图4-4）。

（a）　　　　　　　　　　（b）

（c）　　　　　　　　　　（d）

（e）　　　　　　　　　　（f）

（g）　　　　　　　　　　　　　（h）

图 4-4　不同 [C_{12}mim][PF_6] 的加入量制备的产物的扫描电子显微镜图

可以看出，当离子液体加入量为 0.2 mmol（见图 4-4a）和 0.4 mmol（见图 4-4b）时，实验所得产物的形貌为不规则片堆叠和散碎的纳米粒子构筑而成，且分散性较差，这主要是由于离子液体的加入量较少，形貌调节作用不明显。当离子液体的加入量增加为 0.8 mmol（见图 4-4c）时，产物中已有纳米片形成，但是生长不够完整，主要是纳米片和纳米粒子混合而成。当离子液体的加入量继续增加为 1.6 mmol（见图 4-4d）和 2.4 mmol 时（见图 4-4e），随着离子液体加入量的增加，纳米粒子的含量逐渐减少，产物主要为纳米片，但纳米片的大小不均一，形状不完整，且分散性不好。当离子液体的加入量继续增加为 3.2 mmol（见图 4-4f）时，所得产物形貌均匀，该产物是由直径为 30 nm 的纳米粒子构筑而成的纳米片，纳米片的平均宽度为 750 nm，厚度为 30 nm，且分散性较好。当离子液体的加入量继续增加为 4.8 mmol（见图 4-4g）和 6.4 mmol（见图 4-4h）时，原本生长完整的纳米片结构遭到破坏，这可能是由于离子液体中有 F^- 的存在，加入量过多使纳米片的边缘发生刻蚀，形貌受损，从而得到不规则形状的片形结构。在此基础上，实验进一步研究了离子液体的添加量对材料气敏性能的影响（见图 4-5）。

随着离子液体加入量的增加，响应先增加后减少，当离子液体添加量为 3.2 mmol 时，响应灵敏度达到最大。这主要是由于当离子液体的加

入量为 3.2 mmol 时，纳米片的形状均匀、大小一致、分散性好，这可能
导致 TiO$_2$ 与三甲胺气体的作用位点更多。由此可以得出结论，当离子液
体的加入量为 3.2 mmol 时，此时更有利于纳米片形结构的生长，并且纳
米片大小均一，形状完整，分散性较好，因而在后续的合成中选择离子
液体的加入量为 3.2 mmol。

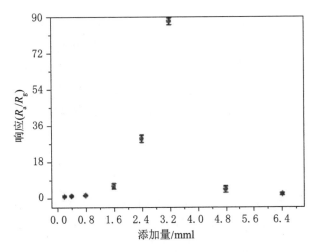

图 4-5　不同 [C$_{12}$mim][PF$_6$] 的加入量制备的产物在 170 ℃ 下
对 100 ppm 三甲胺的响应

（3）反应温度对产物形貌的影响。反应温度也是影响产物形貌
的一个重要的因素。在反应过程中，笔者保持 3 mmol 乙酰丙酮氧钛
（0.7864 g）、溶剂（20 mL 正丁醇 +10 mL 水 +5 mL 冰乙酸）、离子液体
[C$_{12}$mim][PF$_6$] 的加入量为 3.2 mmol、反应时间 12 h 不变，考察反应温
度分别为 120 ℃、140 ℃、160 ℃、180 ℃和 200 ℃，所得产物对应的扫
描电子显微镜图（见图 4-6）。

（a） （b） （c）

（d） （e）

图 4-6 不同反应温度制备产物的扫描电子显微镜图

当为反应温度为 120 ℃时，产物的扫描电子显微镜图，如图 4-6（a）所示。由图可以看出，产物形貌为纳米粒子，且纳米粒子发生团聚，分散性不好。当反应温度为 140 ℃时（见图 4-6b），产物有少量的纳米片形结构形成，但产物形貌主要为纳米粒子和少量的纳米片，且发生团聚。温度继续升高为 160 ℃时（见图 4-6c），纳米粒子大幅度减少，产物主要是纳米片，但纳米片分散性不够好，片与片之间相互重叠。当反应温度继续增加到 180 ℃时（见图 4-6d），产物为相对分散、大小均匀、形状完整的纳米片。当温度升到 200 ℃时（见图 4-6e），产物的形貌与180 ℃时制备的形貌相似，但 200 ℃合成的纳米片边缘形貌有破损，形状不够完整。因此，在后续实验中，笔者选择的反应温度为 180 ℃。

（4）反应时间对产物形貌的影响。为了探究纳米片的形成过程，笔者保持其他条件不变，即 3 mmol 乙酰丙酮氧钛（0.7864 g）、溶剂（20 mL 正丁醇 +10 mL 水 +5 mL 冰乙酸）、离子液体 [C$_{12}$mim][PF$_6$] 的加入量为 3.2 mmol、反应温度 180 ℃，考察反应时间分别为 10 min、

30 min、1 h、1.5 h、2 h、4 h、8 h、12 h 和 16 h 所得产物的形貌变化，对应的扫描电子显微镜图（见图 4-7）。

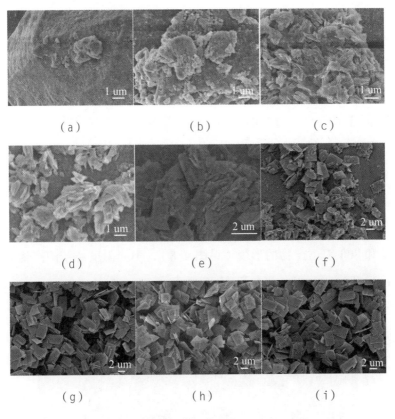

图 4-7 不同反应时间制备产物的 SEM 图

当反应时间为 10 min（见图 4-7a）、30 min（见图 4-7b）、1 h（见图 4-7c）时，产物仅由纳米粒子构筑并没有纳米片形成。当反应时间为 1.5 h（见图 4-7d）和 2 h（见图 4-7e）时，产物为纳米片与纳米粒子的混合物。当继续增加反应时间为 4 h（见图 4-7f）时，纳米片明显增多，但分散性不够好，而且仍有少量纳米粒子。当反应时间增加为 8 h（见图 4-7g）时，纳米片结构基本生长完全，纳米粒子随着反应时间的延长已经基本消失，但纳米片的分散性相对较差，且厚度较厚。当反应时间继续增加为 12 h（见图 4-7h）时，纳米片大小均匀，形貌完整且分散性较好，形貌生长完全。当反应时间继续增加到 16 h（见图 4-7i）时，产物形貌与 12 h 时所制备的产物形貌相似，但区别在于反应时间的延长导致纳米片形貌破碎、不够完整。因此，在后续实验中，选择的反应时间为 12 h。

（5）烧结温度对产物形貌的影响。烧结温度对产物最终能否保持与前驱体同样形貌具有重要的影响，因此笔者分别考察了前驱体在空气气氛下不同温度烧结后产物的形貌。在反应过程中，笔者保持 3 mmol 乙酰丙酮氧钛（0.7864 g）、溶剂（20 mL 正丁醇 +10 mL 水 +5 mL 冰乙酸）、离子液体 [C_{12}mim][PF_6] 的加入量为 3.2 mmol、反应温度 180 ℃、反应时间为 12 h 不变，考察在空气气氛下烧结温度分别为 400 ℃、500 ℃、600 ℃和 700 ℃下产物的形貌（见图 4-8），不同温度烧结的产物分别用 TP-400、TP-500、TP-600 和 TP-700 表示。

（a）　　　　　　　　　　　（b）

（c）　　　　　　　　　　　（d）

图 4-8　不同烧结温度获得产物的扫描电子显微镜图

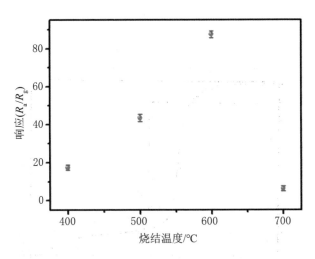

图 4-9 不同烧结温度获得的不同气敏材料的传感器在 170 ℃ 对 100 ppm
三甲胺的响应

由图 4-8 可以看出，400 ℃（见图 4-8a）、500 ℃（见图 4-8b）和
600 ℃（见图 4-8c）烧结后产物形貌与烧结前无较大的变化，仍为纳米
片。当温度高于 700 ℃（见图 4-8d）时，片形结构还存在，但构成的
初级粒子则聚集变大。由敏性能图可以看出，在 600 ℃烧结后产物对三
甲胺的气敏性能最好（见图 4-9）。结合以上形貌和气敏性能考察，合
成纳米片的最佳条件为 3 mmol 乙酰丙酮钛（0.7864 g）、溶剂（20 mL
正丁醇 +10 mL 水 +5 mL 冰乙酸）、离子液体 [C$_{12}$mim][PF$_6$] 的加入量
为 3.2 mmol（1.268 g）、反应温度 180 ℃、反应时间 12 h、空气气氛下
600 ℃烧结 2 h。

4.2.2　TiO$_2$/Ti$_2$O(PO$_4$)$_2$ 纳米片的结构表征

（1）TiO$_2$/Ti$_2$O(PO$_4$)$_2$ 纳米片的热分析。笔者通过热重分析对利用离
子液体辅助合成的前驱体及纯离子液体进行热稳定性分析，来确定最终
的热处理温度，保证烧结后不仅可以得到稳定的金属氧化物材料，而且

可以保证部分离子液体的残留。离子液体辅助合成的前驱体（TP）和纯 [C$_{12}$mim][PF$_6$] 在空气气氛下的热重曲线（见图 4-10）。

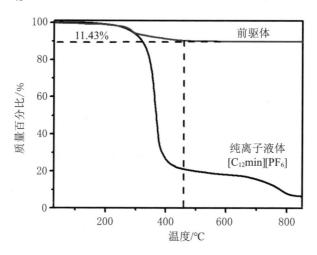

图 4-10　前驱体和纯离子液体的热重曲线

前驱体在 600 ℃ 之前失去了大约 11.43% 的重量，这主要是由于样品表面物理吸附的水、一些有机碳，以及残留的离子液体的失去。根据纯离子液体 [C$_{12}$mim][PF$_6$] 的热重曲线可以看出，在 350 ℃ 时有明显的失重过程，这证明离子液体 [C$_{12}$mim][PF$_6$] 发生氧化分解，而在 800 ℃ 时仍有 6.2% 的离子液体残留。因此，为了热处理后生成较高结晶度 TiO$_2$ 并保留痕量的离子液体残余物用于气敏性能研究，笔者选择烧结温度分别为 400 ℃、500 ℃、600 ℃ 和 700 ℃。

（2）TiO$_2$/Ti$_2$O(PO$_4$)$_2$ 纳米片的物相。水热法制备的前驱体 TP，以及在空气气氛下 400 ℃、500 ℃、600 ℃ 和 700 ℃ 烧结 2 h 后产物的 X 射线衍射图（见图 4-11，其中图 4-11b 为 4-11a 的局部放大图）。

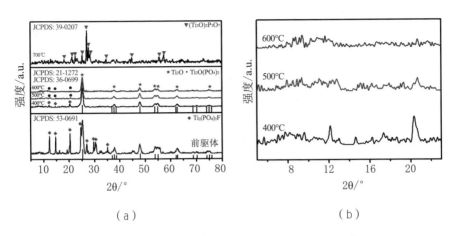

（a）　　　　　　　　　　　　　　（b）

图 4-11　前驱体和烧结后的产物的 X 射线衍射图

结果发现，除 700 ℃烧结外，所有样品都在 25.28°、37.81°、
48.05°、53.89°、55.06° 和 62.69° 处出现了明显的衍射峰（见
4-11a），这些峰分别与 TiO$_2$ 的（101）、（004）、（200）、（105）、（211）
和（204）晶面相对应（JCPDS No.21-1272），表明产物主要是锐钛矿相
的二氧化钛。随后笔者对前驱体中其他衍射峰进行详细研究发现，前驱
体（TP）的 X 射线衍射图中也有明显的 Ti$_2$(PO$_4$)$_2$F 特征峰 JCPDS No.53-
0691（a=0.1093 nm，b=0.1445 nm，c=0.0510 nm，单斜），这说明前驱
体为 TiO$_2$ 和 Ti$_2$(PO$_4$)$_2$F 复合材料。

笔者将前驱体在 400 ℃烧结后，发现 12.24°、14.62° 和 20.33°
处的衍射峰强度明显降低，但仍有少量的 Ti$_2$(PO$_4$)$_2$F 残留，没有发生变
化，这表明 400 ℃烧结后产物依旧是 TiO$_2$ 和 Ti$_2$(PO$_4$)$_2$F 的混合物（见图
4-11b）。当烧结温度提高到 500 ℃和 600 ℃时，Ti$_2$(PO$_4$)$_2$F 产物被氧化，
烧结产物的部分衍射峰与 Ti$_2$O(PO$_4$)$_2$ 的衍射峰相对应（JCPDS No. 36-
0699），这表明 TP-500 和 TP-600 的产物为 TiO$_2$ 和 Ti$_2$O(PO$_4$)$_2$ 复合材料，
并且 TP-600 比 TP-500 的 Ti$_2$O(PO$_4$)$_2$ 强度低，这表明随着烧结温度的升
高离子液体发生分解。当前驱体在 700 ℃烧结时，笔者发现 26.93° 的衍
射峰强度明显增加，产物与 (TiO)$_2$P$_2$O$_7$（JCPDS No.39-0207）的衍射峰

相对应。这些现象证明 TP-700 产物是 TiO$_2$ 与 (TiO)$_2$P$_2$O$_7$ 的混合物。

（3）TiO$_2$/Ti$_2$O(PO$_4$)$_2$ 纳米片的形貌和精细结构。TP-600 的扫描电子显微镜图，如图 4-12 所示。从图中可以看出，该产物为具有均匀尺寸的纳米片状结构。纳米片的平均宽度为 750 nm ～ 1 μm（见图 4-12b、图 4-13）。原子力显微镜图显示纳米片的厚度约为 30 nm（见图 4-14）。随后，笔者通过高分辨率透射电子显微镜对 TP-600 进行了详细分析（见图 4-15），其中 0.348 nm 的晶格间隔与锐钛矿相 TiO$_2$ 的（101）晶面相对应，表明 TP-600 的主要产物是 TiO$_2$。

（a）   （b）

图 4-12　TP-600 烧结产物的扫描电子显微镜图

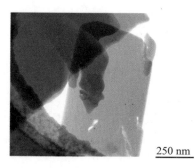

图 4-13　TP-600 烧结产物的透射电子显微镜图

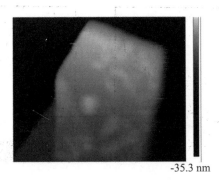

-35.3 nm

图 4-14　TP-600 烧结产物的原子力显微镜图

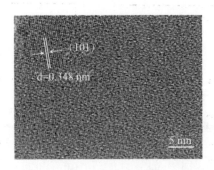

图 4-15　TP-600 烧结产物的高分辨率透射电子显微镜图

　　为了确定在不同温度下烧结后产物 TiO$_2$ 纳米片的比表面积和孔径
分布，笔者进行了氮气吸附-脱附和孔径分布测试。在不同温度下烧
结的材料表现出典型的 IV 型等温线曲线并伴有 H3 滞后环，表明具有
介孔材料特性（见图 4-16）。与 TP-400（83.789 m^2·g^{-1}）、TP-500
（115.984 m^2·g^{-1}）和 TP-700（60.0581 m^2·g^{-1}）的比表面积相比，TP-
600 的比表面积最大（120.466 m^2·g^{-1}），这应该更有利于提高其对测试
气体的响应。从孔径分布曲线可以看出，随着烧结温度的逐渐升高，孔
径逐渐增大。这主要是由于产物中离子液体 [C$_{12}$mim][PF$_6$] 残留物的不断
分解所致。当烧结温度提高到 700 ℃时，由于温度过高，纳米片被破坏，
初级结构单元发生聚集（见图 4-8d），导致材料的比表面积急剧下降。

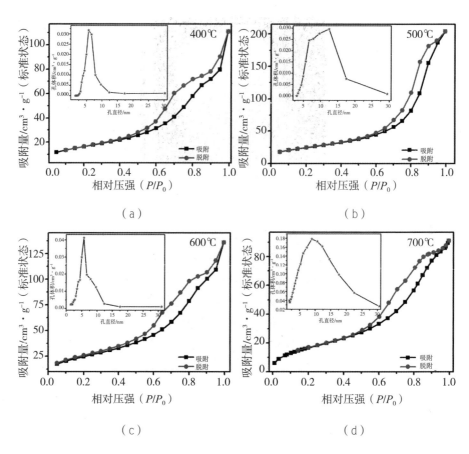

图 4-16　在不同温度下烧结的 TiO₂ 纳米片材料的
氮吸附 - 脱附等温线和孔径分布曲线（插图）

注：图（a）的烧结温度为 400 ℃，图（b）的烧结温度为 500 ℃，图（c）的烧结温度为 600 ℃，图（d）的烧结温度为 700 ℃。

所有条件下合成的 TiO₂ 纳米片 X 射线光电子能谱全谱，如图 4-17（a）所示，这个图证实产物中均含有 Ti、O、C、N 和 P 元素。TP、TP-400、TP-500、TP-600 和 TP-700 的 F 元素的精细谱图（见图 4-17b），由图可以看出 F 元素在前驱体中的含量比较高。当烧结温度为 400 ℃时，有少量的 F 元素残留。随着烧结温度的不断升高，笔者没有观察到 F 元素的特征

峰，这表明产物被充分氧化，F 元素逸出。P 元素的精细谱图，如图 4-17
（c）所示。P 2p 的结合能是 133.5 eV，这主要是磷酸根中磷的特征峰位
置[166]，表明 PO$_4^{3-}$ 是 P 的主要存在形式，这与 X 射线衍射测试结果相同。
随着烧结温度的逐渐升高，产物中 P 元素的含量逐渐增加，这主要是由于
烧结后有机碳的损失和 F 元素的逸出。少量 P 元素以 PO$_4^{3-}$ 的形式从材料
内部转移到材料表面，从而使 P 元素的含量增加。N 元素的精细光谱（见
图 4-17d）显示，5 种产物的 N 元素结合能位置都出现在 400 eV，表明产
物中有一些离子液体残留物。

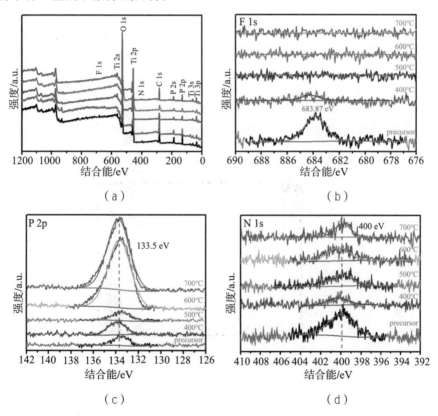

图 4-17　合成的前驱体和不同温度烧结后产物的 X 射线电子能谱图

注：图（a）为全谱图，图（b）为 F 1s 的精细谱图，图（c）为 P 2p 的精细谱图，
图（d）为 N 1s 的精细谱图。

4.2.3　TiO$_2$/Ti$_2$O(PO$_4$)$_2$纳米片的气敏性能

（1）最佳工作温度的选择和对三甲胺的选择性。由于工作温度对气体传感器的气敏性能有很大的影响，笔者首先在133～252 ℃的不同工作温度下检测了传感器对100 ppm的8种气体（正丁醇、乙醇、正戊醇、甲苯、苯胺、二甲胺、三乙胺和三甲胺）的气敏性能。TP-600传感器在不同的工作温度下对8种气体显示出相同的响应趋势（见图4-18），即随着工作温度的不断增加，响应先增加后减少并在170 ℃时对100 ppm的三甲胺气体显示出最大的响应。在170 ℃时，三甲胺气体对其他7种气体的选择性系数分别为20.0、34.9、19.1、57.2、29.3、27.9和10.1，这表明TP-600气体传感器的最佳工作温度为170 ℃，并且传感器对三甲胺气体有良好的选择性。与100 ppm的其他气体相比，三甲胺气体的优异响应特性可归因于离子液体[C$_{12}$mim][PF$_6$]的咪唑环上的氢与三甲胺气体中的氮之间形成的氢键（CH$\cdots$N）[84]。

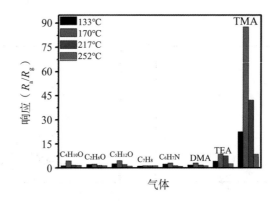

图4-18　TP-600传感器在不同的工作温度下对100 ppm的不同气体的响应

随后，实验探究了样品的烧结温度对三甲胺气体响应的影响。随着烧结温度的增加，600 ℃之前响应呈逐渐增加的趋势，然后在700 ℃时减少（见图4-19）。这主要是由于在600 ℃烧结的产物具有更好的结晶性和更大的比表面积。传感器的响应随着比表面积的增加而改善。

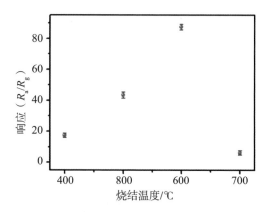

图 4-19 在不同的烧结温度下，获得的不同敏感材料的传感器在 170 ℃
对 100 ppm 的三甲胺的响应

TP、TP-400、TP-0500、TP-600 和 TP-700 5 种样品中 O 1s 的 x 射线
光电子能谱精细谱图，如图 4-20 所示。从图中可以看出，氧由 3 部分组
成，分别对应羟基氧、表面吸附氧和晶格氧，5 种样品的表面吸附氧含量
分别为 15.22%、16.64%、20.97%、58.53% 和 16.79%。其中 TP-600 的表
面吸附氧的含量明显最高，这更有利于金属氧化物与待测气体的反应。这
与气体灵敏度测试结果相吻合，所以前驱体的最佳烧结温度为 600 ℃。以
下测试均选用 600 ℃烧结后的产物进行进一步的气敏性能研究。

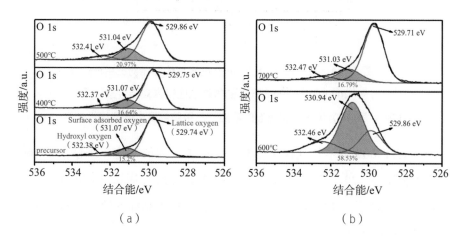

（a） （b）

图 4-20 前驱体和烧结产物的 X 射线光电子能谱 O 1s 精细谱图

（2）TP-600纳米片气体传感器对三甲胺气体的响应灵敏度与气体浓度的相关性。众所周知，三甲胺气体的监测是反映鱼类腐败程度的一个重要指标。当三甲胺气体浓度为0～10 ppm时，鱼是新鲜的，但当三甲胺气体浓度＞10 ppm时，鱼开始腐烂，而且三甲胺气体的浓度会随着鱼的腐烂程度的增加而逐渐增加。笔者使用TP-600气体传感器检测不同浓度的三甲胺气体（见图4-21）。在200～500 ppm，随着检测气体浓度的增加，响应灵敏度表现出良好的线性关系，线性相关系数为0.9966，最低检测下限（200 ppb）的灵敏度为1.092。具有微量离子液体[C_{12}mim][PF_6]残留物的TP-600气体传感器在170 ℃时对三甲胺气体具有宽的线性检测范围。

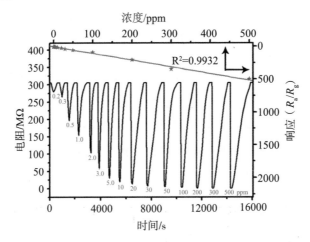

图4-21　在170 ℃下TP-600纳米片传感器对三甲胺

（200 ppb～500 ppm）的气体响应和恢复特性及

170 ℃下TiO_2纳米片传感器的响应与三甲胺浓度之间的线性关系

（3）TP-600纳米片气体传感器对三甲胺气体的响应重现性。TP-600气体传感器在170 ℃最佳工作温度下对100 ppm三甲胺气体的十次连续响应和恢复曲线，如图4-22所示。十次响应的相对标准偏差只有2.86%，表现出良好的可重复性。

4 离子液体（[C$_{12}$mim][PF$_6$]）辅助合成TiO$_2$/Ti$_2$O(PO$_4$)$_2$纳米片及其对三甲胺的气敏性能

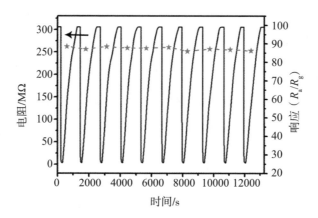

图 4-22　在 170 ℃ 下 TP-600 纳米片传感器对 100 ppm 三甲胺的重复性和响应灵敏度

100 ppm 三甲胺气体（XT=87.46）的响应时间只有 14.6 s（见图 4-23），恢复时间略长（630 s）。恢复时间长可能是由于咪唑环上的氢与三甲胺气体的氮之间形成了强烈的氢键。

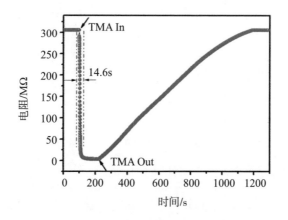

图 4-23　在 170 ℃ 下 TP-600 纳米片传感器对 100 ppm 三甲胺的单次响应和恢复曲线

TiO$_2$/Ti$_2$O(PO$_4$)$_2$ 复合材料和其他报道的金属氧化物材料对检测三甲胺气体的响应参数比较，见表 4-1。与大多数金属氧化物材料相比，TiO$_2$/Ti$_2$O(PO$_4$)$_2$ 复合材料具有相对较低的工作温度，在 170 ℃ 较低的工作温度下对 100 ppm 的三甲胺气体可以给出令人满意的检测结果，但它需要较长的恢复时间（见图 4-23）。相对较低的工作温度和快速的响应可以使 TP-600 气体传感器在实际环境中检测到痕量的三甲胺气体。

表 4-1　$TiO_2/Ti_2O(PO_4)_2$ 的三甲胺气敏性能与所报道的其他
金属氧化物材料性能的比较

材料	工作温度 (/℃)	浓度 (/ppm)	响应 (XT_a/XT_g)	响应/恢复时间(/s)	最低检测限 (/ppm)	参考文献
α-Fe_2O_3	217	100	22.30	10-50/300-1650	0.100	[84]
Ru-SnO_2	350	100	99.10	—	1.000	[143]
SnO_2-ZnO	330	50	125.00	100/300	1.000	[144]
α-Fe_2O_3/TiO_2	250	50	13.90	0.5/1.5	—	[146]
In_2O_3-SnO_2	280	10	7.11	30/320	1.000	[149]
ZnO-In_2O_3	375	5	109.00	—	0.013	[150]
ZnO	400	5	41.04	—	0.010	[147]
MoO_3/$Bi_2Mo_3O_{12}$	170	5	25.80	—	0.100	[151]
WO_3	450	5	56.90	1.5/4860	0.010	[145]
Pd-ZnO	300	5	5.50	70/70	—	[148]
TiO_2/$Ti_2O(PO_4)_2$	170	100	87.46	14.6/6300	0.200	—
—	—	10	15.87	24.3/3400	0.200	—

（4）TP-600 纳米片气体传感器对三甲胺气体的长期稳定性和抗湿性。由于鱼的储存始终处于高湿度的环境中，因此人们有必要研究湿度对传感器的影响，以便更好地检测三甲胺气体。TP-600 气体传感器在

最佳工作温度 170 ℃下对相对湿度的响应，如图 4-24（上）所示。由于传感器在不同的湿度下，如 KNO$_3$（94% RH）、KCl（85% RH）、NaCl（75% RH）、CuCl$_2$（67% RH）、Mg(NO$_3$)$_2$（54% RH）、K$_2$CO$_3$（43% RH）、MgCl$_2$（33% RH）、CH$_3$COOK（23% RH）和 LiCl（11% RH），响应没有明显变化（XT < 1.2），这表明相对湿度对 TP-600 气体传感器的影响很小，传感器具有良好的抗湿性。TP-600 气体传感器在 120 天内对 100 ppm 的三甲胺气体的长期稳定性，如图 4-24（下）所示。与初始响应相比，120 d 后传感器的响应略微下降了 3.5%，这表明该传感器具有良好的长期稳定性。

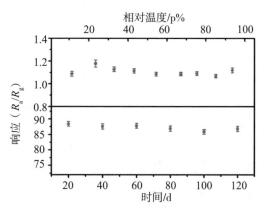

图 4-24　在 170 ℃下 TP-600 纳米片传感器对 100 ppm 三甲胺的长期稳定性（下）及 170℃下传感器对各种相对湿度的响应（上）

从以上测试结果不难看出，TP-600 气体传感器是检测三甲胺气体的理想材料，具有良好的气体选择性、灵敏度、重现性、长期稳定性、抗湿性。

4.2.4　TiO$_2$/Ti$_2$O(PO$_4$)$_2$ 纳米片对三甲胺气体的气敏机理

为了探索 TiO$_2$ 纳米片气体传感器检测三甲胺气体的气敏机理，笔者通过气相色谱技术对气敏机理进行了详细的研究，以便为最终生成产物提供明确的证据。

三甲胺与 $TiO_2/Ti_2O(PO_4)_2$ 纳米片的表面吸附氧作用前后 H_2O 和 CO_2 的保留时间，如图 4-25 所示。很明显，反应后体系中 H_2O 和 CO_2 的含量明显增加。

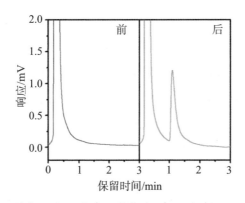

图 4-25　$TiO_2/Ti_2O(PO_4)_2$ 粉体在 170 ℃下接触三甲胺前后 CO_2 和 H_2O 含量变化的气相色谱图

N_2 在接触三甲胺前后的保留时间（见图 4-26）和反应后的 N_2 峰值明显高于反应前。因此，笔者有理由认为，如果 $TiO_2/Ti_2O(PO_4)_2$ 纳米片暴露于三甲胺气体中，那么三甲胺将发生氧化分解反应并分解生成 N_2、H_2O 和 CO_2，这与目前文献 [170, 171] 报道的结果一致。

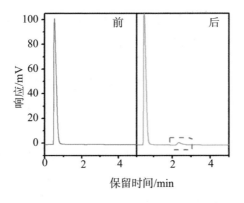

图 4-26　$TiO_2/Ti_2O(PO_4)_2$ 粉体在 170 ℃下接触三甲胺前后 氮气含量变化的气相色谱图

X 射线光电子能谱分析也证实了这个结论。笔者对 TiO$_2$/Ti$_2$O(PO$_4$)$_2$ 纳米片传感器在 170 ℃暴露于三甲胺气体之前（见图 4-27a）和之后（见图 4-27b）的 X 射线光电子能谱 O 1s 精细谱图进行比较。这表明，当 TiO$_2$/Ti$_2$O(PO$_4$)$_2$ 纳米片暴露于三甲胺气体中时，气体将与材料的表面吸附氧发生氧化反应，这使材料中表面吸附氧的含量从 58.53% 降低到 40.73%。

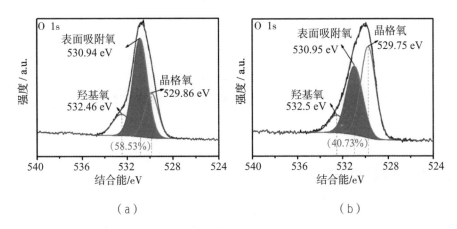

图 4-27　传感器暴露于三甲胺之前（a）和之后（b）O 1s X 射线光电子能谱精细谱图

因此，TiO$_2$/Ti$_2$O(PO$_4$)$_2$ 传感器对三甲胺气体的气敏机制如下：①离子液体（[C$_{12}$mim][PF$_6$]）的加入可以辅助诱导 TiO$_2$ 纳米片的形成，从而加快电子传输的速度；②在空气气氛下不同温度烧结前驱体，产物中有少量的离子液体残留，丰富的氧分子会吸附在材料表面并捕获电子，从而增加材料表面的表面吸附氧含量；③三甲胺气体与材料的表面吸附氧发生反应，生成氧化产物 N$_2$、H$_2$O 和 CO$_2$。气敏机理的示意图（见图 4-28），反应过程如下：

$$O_{2\,gas} \longrightarrow O_{2\,ads} \tag{4-1}$$

$$O_{2\,ads} + e^- \longrightarrow O_{2\,ads}^- \tag{4-2}$$

$$O_{2\,ads}^- + e^- \longrightarrow 2O_{ads}^- \tag{4-3}$$

$$4(CH_3)_3N + 42O^-_{ads} \longrightarrow 2N_2 + 18H_2O + 12CO_2 + 42\ e^- \qquad (4\text{-}4)$$

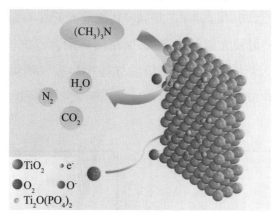

图 4-28 $TiO_2/Ti_2O(PO_4)_2$ 传感器对三甲胺气敏机理示意图

4.3 本章小结

笔者以乙酰丙酮氧钛为原料，正丁醇、水和冰乙酸为溶剂，通过离子液体（$[C_{12}mim][PF_6]$）辅助的一步水热法制备了 PO_4^{3-} 改性的 $TiO_2/Ti_2O(PO_4)_2$ 纳米片。在反应过程中，离子液体的加入量、离子液体的种类、反应温度、反应时间，以及烧结温度都对 $TiO_2/Ti_2O(PO_4)_2$ 纳米片的形成具有一定的影响，最佳合成条件为 3 mmol 乙酰丙酮氧钛（0.7864 g）、20 mL 正丁醇、10 mL 水、5 mL 冰乙酸、3.2 mmol $[C_{12}mim][PF_6]$，在 180 ℃反应 12 h，空气气氛下 600 ℃烧结 2 h。

这是首次利用离子液体辅助合成二维 TiO_2 纳米片结构并将其应用在气体传感器领域。纳米片的宽度和厚度分别为 750 nm 和 30 nm。

与纯相 TiO_2 传感器相比，复合材料气体传感器的气敏性能明显增强，在最佳工作温度 170 ℃时，该气体传感器对三甲胺具有良好的气敏性能（100 ppm，$S=87.46$），检测下限为 0.2 ppm。该气体传感器可以对

0.2 ～ 500 ppm 的三甲胺进行检测，具有相对较宽的线性浓度范围，线性相关系数为 0.9966。

通过气相色谱与 X 射线光电子能谱分析结果证明，三甲胺与材料的表面吸附氧发生氧化反应产生 N$_2$、H$_2$O 和 CO$_2$。TiO$_2$/Ti$_2$O(PO$_4$)$_2$ 纳米片优异的三甲胺气敏性能主要归功于其较大的比表面积和较高的表面吸附氧含量。

5 富氧空位的 TiO_2 对异丙胺的快速响应及其在除草剂检测中的应用

5.1 引言

异丙胺是一种具有特殊氨味的液体，主要作为溶剂应用于农药、药品、杀虫剂、脱毛剂、表面活性剂等的生产，其中农药的生产用量最大。近年来，随着工业和农业的快速发展，以异丙胺为原料合成的农药的需求急剧增加。随着全球人口增长和人口老龄化现象加剧，以异丙胺为主要原料生产的治疗心脏病、肝病、哮喘等药品的市场需求量增加，这使异丙胺的生产场所逐年增多，接触异丙胺的工作人员也随之增多。异丙胺是一种有毒物质，会在一定程度上刺激皮肤、眼睛和黏膜，吸入高浓度的异丙胺会引起肺水肿。浓度为 20 ppm 的异丙胺就会对鼻子、喉咙和其他呼吸道造成刺激和损害。因此，研究人员有必要开发一种能够实时检测异丙胺并做出快速反应的简单装置，以保护工人的健康。

TiO_2 带隙为 3.2 eV，是一种低成本、光化学性能稳定的金属氧化物。它已被广泛应用于光催化[172]、光解水[173, 174]、锂离子电池[175]、电化学传感器[176-178]、气体传感器[84] 等领域，但其固有的宽带隙使其在应用领域受到限制。目前的研究表明，掺入卤族元素（氟、氯、溴、碘）等阴离子[179] 是缩小 TiO_2 带隙的比较有前途和被广泛研究的方法之一，主要原因是卤族元素通过改变材料的表面电荷分布来影响材料的性能，如增强表面酸性、形成表面羟基自由基、产生表面氧空位或 Ti^{3+}[180]。卤族元素的离子半径与 TiO_2 中的 Ti^{4+} 或 O^{2-} 相近，因此卤族元素非常容易被掺杂到 TiO_2 材料中，以控制其带隙宽度和性能。文献中已经报道了通过引入 NH_4F、CTAB 或 HIO_3 来掺杂卤族元素的方法[181-185]。例如，Yu 等[186] 合成了 F 掺杂的 TiO_2 并将其应用于光催化，Song 等[187] 合成了 Co-I 共掺杂的 TiO_2 光催化剂来降解草酸。虽然以无机盐为原料改变掺杂离子很简单，但其产物形貌难以有效控制且粒子一般都容易发生聚集[188]，这对于气体传感器检测非常不利。室温离子液体具有蒸气压低、溶解度高、热稳定性强等优点，近年来有报道称其作为形貌调节剂可用于合成金属氧化物的多级结构，不仅如此，离子液体除了有调节形貌的作用外，其中的一些阴离子可以掺杂到最终形成的产物中[84, 85, 189]。因此，选择一种既能调节形貌又能实现阴离子掺杂的离子液体来合成 TiO_2 就显得尤为重要。如果在材料中引入氧空位，不仅可以改变材料的导电性[190, 191]，增加材料的吸附位[192]，还能增强对气体的吸附能力[193]，这对于气体传感器提升性能是非常有利的。因此，本章以室温离子液体 -1- 十六烷基 -3- 甲基咪唑溴盐（$[C_{16}mim][Br]$）为形貌调节剂，通过简单的一步水热法成功合成了球形的锐钛矿相 TiO_2，不仅降低了 TiO_2 的带隙，而且在 TiO_2 表面通过取代反应形成氧空位，这些空位可以作为活性位点，有效地提高气敏材料表面对待测气体的吸附。人们将这种材料制得的气体传感器用于一些气体检测，发现其对异丙胺气体具有良好的选择性。这是首次将金属氧化物气体传感器用于异丙胺气体的实时检测。这种有效应用为今后监测生产和生活环境中的异丙胺气体，以及提高人们的健康水平提供了有力保障。

5.2 实验结果与讨论

5.2.1 反应条件对产物形貌的影响

笔者以乙酰丙酮氧钛为原料，离子液体 $[C_{16}mim][Br]$ 为辅助试剂，采用简单的一步水热法成功合成了球形的锐钛矿相 TiO_2，通过在空气气氛中不同温度下烧结，最终形成表面富含氧空位的球形锐钛矿相 TiO_2 材料。笔者在反应过程中主要考察溶剂的种类、离子液体 [C$_{16}$mim][Br] 的加入量、反应温度和反应时间对产物形貌的影响。

（1）溶剂的种类对产物形貌的影响。在反应过程中，溶剂的种类是决定产物形貌的重要因素。笔者在反应过程中保持 2 mmol 乙酰丙酮氧钛（0.5642 g）、离子液体 1.6 mmol（0.6199 g）[C$_{16}$mim][Br]、在 180 ℃反应 16 h 不变，分别考察 30 mL 不同溶剂水、无水甲醇、乙醇、正丁醇、异丙醇对产物形貌的影响。不同溶剂所得产物形貌扫描电子显微镜图，如图 5-1 所示。

图 5-1　不同种类的溶剂所制备的产物扫描电子显微镜图

注：图（a）为水，图（b）为无水甲醇，图（c）为乙醇，图（d）为正丁醇，图（e）为异丙醇。

由图可以看出，当反应溶剂为水、乙醇、正丁醇、异丙醇时（见图 5-1a、图 5-1c、图 5-1d、图 5-1e），产物形貌为无规则结构，仅为纳米粒子相互团聚而成。而当反应溶剂为无水甲醇时（见图 5-1b），产物形貌为大小均一的球形结构，为了考察离子液体对产物形貌的影响，笔者选用无水甲醇为最佳反应溶剂，在后续实验过程中，反应溶剂种类均为无水甲醇。

（2）离子液体 [C₁6mim]Br 的加入量对产物形貌的影响。在反应过程中，离子液体的加入量对产物形貌考察至关重要。笔者在反应过程中保持 2 mmol 乙酰丙酮氧钛（0.5642 g），溶剂为 30 mL 无水甲醇，在 180 ℃反应 16 h 不变，分别考察加入不同量离子液体 [C₁₆mim][Br] 对产物形貌和气敏性能的影响，离子液体加入量依次为 0 mmol、0.4 mmol、0.8 mmol、1.6 mmol 和 2.4 mmol，不同离子液体加入量所得产物形貌扫描电子显微镜图，如图 5-2 所示。

图 5-2　加入不同量离子液体 [C₁₆mim][Br] 所制备的产物扫描电子显微镜图

由图可以看出，当不加离子液体时（见图 5-2a），产物的形貌为相互团聚的纳米粒子。当离子液体的加入量为 0.4 mmol 时（见图 5-2b），此时离子液体对产物形貌有调节作用，产物出现球形结构。当继续增加离子液体的加入量至 0.8 mmol 时（见图 5-2c），此时产物的球形结构表面不够光滑，且分散性较差。当离子液体的加入量为 1.6 mmol 时（见图 5-2d），合成的产物形貌为相对均匀的球形结构，且球形结构的表面光滑，形状完整。当继续增加离子液体的加入量为 2.4 mmol 时（见图 5-2e），产物中仍有球形结构，大小与加入量为 1.6 mmol 时类似，但产物中不仅有球形结构，还有大量由纳米粒子构筑的不规则形状，产物形貌较为混乱。

笔者将所得产物制备成相应的气体传感器测试其对异丙胺气体的气敏性能，由气敏性能图（见图 5-3）可以看出，随着离子液体 $[C_{16}mim][Br]$ 加入量的增加，产物气体响应逐渐增大。当离子液体的加入量为 1.6 mmol 时，此时气体响应达到最大。当加入超过 1.6 mmol 的离子液体时，产物的气体响应降低，这可能与形貌发生变化有关。为了获得最佳的气体响应，离子液体 $[C_{16}mim][Br]$ 辅助合成球形 TiO_2 较佳的加入量应为 1.6 mmol，因此确定后续实验中 $[C_{16}mim][Br]$ 的加入量均为 1.6 mmol。

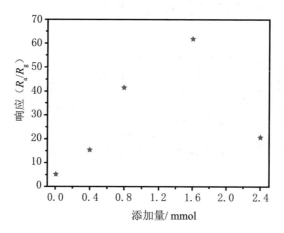

图 5-3　加入不同量离子液体 $[C_{16}mim][Br]$ 所制备的产物的异丙胺气体气敏性能图

（3）反应温度对产物形貌的影响。在反应过程中，反应温度对产物形貌考察起着重要的作用。笔者在反应过程中保持 2 mmol 乙酰丙酮氧钛

（0.5642 g）、溶剂为 30 mL 无水甲醇、离子液体 [C₁₆mim][Br] 加入量为 1.6 mmol、反应时间 16 h 不变，分别考察反应温度 120 ℃、140 ℃、160 ℃、180 ℃和 200 ℃对产物形貌和气敏性能的影响，得到不同反应温度下所得产物形貌扫描电子显微镜图（见图 5-4）。

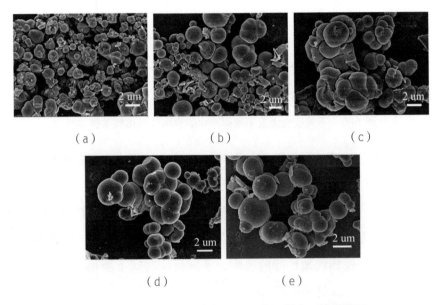

（a）　　　　　　（b）　　　　　　（c）

（d）　　　　　　（e）

图 5-4　不同反应温度下所得产物的扫描电子显微镜图

由图可以看出，当反应温度为 120 ℃、140 ℃和 160 ℃时（见图 5-4c），产物中有球形结构生成，但除此之外也伴有大量的纳米粒子，并且粒子分散性不好，相互团聚。当反应温度升高到 180 ℃（见图 5-4d）和 200 ℃（见图 5-4e）时，产物的球形结构生长完全。

结合不同反应温度下合成的产物的气敏性能图（见图 5-5）可以看出，反应温度为 180 ℃时，产物的气敏性能更好，故离子液体 [C₁₆mim][Br] 辅助合成球形 TiO₂ 较佳的反应温度应为 180 ℃，因此笔者确定后续实验中最佳反应温度为 180 ℃。

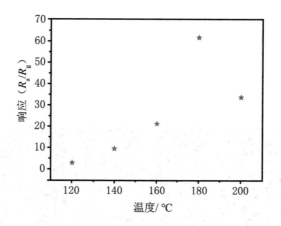

图 5-5　不同反应温度下所得产物的异丙胺气体气敏性能图

（4）反应时间对产物形貌的影响。在反应过程中，反应时间对产物形貌考察起着重要的作用。笔者在反应过程中保持 2 mmol 乙酰丙酮氧钛（0.5642 g）、溶剂为 30 mL 无水甲醇、离子液体 [C$_{16}$mim][Br] 加入量为 1.6 mmol、反应温度 180 ℃不变，分别考察反应时间 4 h、8 h、16 h 和 24 h 对产物形貌和气敏性能的影响，不同反应时间下所得产物形貌扫描电子显微镜图，如图 5-6 所示。

　　　　　（a）　　　　　　　　　　　　　　　（b）

（c）　　　　　　　　　　　　　　　（d）

图 5-6　不同反应时间所得产物的扫描电子显微镜图

由图可以看出，当反应时间较短仅为 4 h（见图 5-6a）和 8 h（见图 5-6b）时，产物形貌中球形结构较少，主要为相互聚集的纳米粒子。当反应时间增加为 16 h（见图 5-6c）和 24 h（见图 5-6d）时，产物形貌为明显的球形结构，形貌相似。

结合不同反应时间产物的气敏性能图（见图 5-7）可以看出，当反应时间为 16 h 时产物的气体响应最大。故离子液体 [C₁₆mim][Br] 辅助合成球形 TiO₂ 较佳的反应时间应为 16 h，因而确定后续实验中反应时间为 16 h。

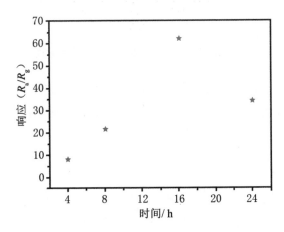

图 5-7　不同反应时间所得产物的异丙胺气体气敏性能图

通过以上对产物形貌和气敏性能的考察，笔者最终确定制备离子液体 [C$_{16}$mim][Br] 辅助合成球形 TiO$_2$ 的最佳溶剂热反应条件为 2 mmol 乙酰丙酮氧钛（0.5642 g）、溶剂为 30 mL 无水甲醇、1.6 mmol（0.6199 g）离子液体 [C$_{16}$mim][Br]、反应温度 180 ℃、反应时间 16 h。反应制备的前驱体在空气气氛下于 400 ℃烧结 2 h，得到球形的锐钛矿相 TiO$_2$。

5.2.2　球形 TiO$_2$ 的结构表征

（1）球形锐钛矿相 TiO$_2$ 前驱体的热分析和物相分析。为了确定合适的热处理温度从而得到稳定的锐钛矿相 TiO$_2$，并保证烧结后产物中有少量的离子液体残留，笔者通过热重分析仪对最佳溶剂热条件下合成的前驱体和纯离子液体 [C$_{16}$mim][Br] 进行热重分析（见图 5-8）。

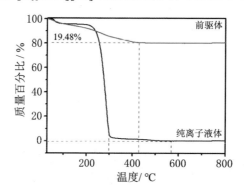

图 5-8　前驱体和纯离子液体的热重曲线

从曲线上可以看出，纯离子液体从室温到 300 ℃，特别是 200～300 ℃有明显的失重，失重达 86.45%，这主要是由于表面吸附的水的损失和有机碳链的分解导致。前驱体在 420 ℃时基本稳定，它从室温到 420 ℃重量损失缓慢，失重为 19.48%。为了探索离子液体残余物对产物的气敏性能的影响，笔者将烧结温度分别设置为 300 ℃、400 ℃和 500 ℃，相应的产物分别命名为 Ti-300、Ti-400 和 Ti-500。

TiO$_2$ 前驱体和 Ti-300、Ti-400 和 Ti-500 产物的 X 射线衍射图，如

图 5-9 所示。从图中可以看出，所有产物的衍射峰都对应锐钛矿相 TiO_2 的衍射峰（JCPDS No.71-1166），这证明产物都是锐钛矿相 TiO_2，没有任何其他杂质峰存在。根据谢乐公式，笔者计算出产物 Ti-300、Ti-400 和 Ti-500 的 TiO_2 主峰（101）、（004）、（200）、（211）和（105）晶面上的平均晶粒大小分别为 6.5 nm、6.8 nm 和 19.7 nm。由此可以证实，产物的晶粒随着烧结温度的增加而逐渐增大。

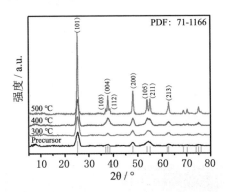

图 5-9　前驱体、Ti-300、Ti-400、Ti-500 样品的 X 射线衍射图

（2）球形锐钛矿相 TiO_2 的形貌和精细结构。产物是球形结构，由纳米颗粒紧密堆积构筑而成（见图 5-10）。

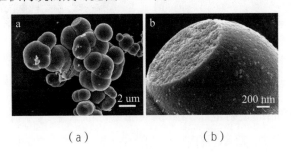

（a）　　　　　　　　（b）

图 5-10　Ti-400 的扫描电子显微镜图不含离子液体
$[C_{16}mim][Br]$ 合成产物的扫描电子显微镜图

在保持其他条件不变的情况下，笔者观察不含离子液体 $[C_{16}mim]$ [Br] 的产物的形态变化，发现不含离子液体合成的产物的形态只有纳米

颗粒（见图 5-11），这证明了离子液体的引入对产物的形貌调节起着重要作用。

图 5-11　不含离子液体 [C$_{16}$mim][Br] 合成产物的扫描电子显微镜图

Ti-400 样品还通过高分辨率透射电子显微镜和透射电子显微镜 – 能量色散 X 射线分析映射进行了分析。该产物是直径约为 1 μm 的球形结构，是由纳米颗粒构成的（见图 5-12）。0.351 nm 的晶格间距对应锐钛矿相 TiO$_2$ 的（101）晶面（见图 5-12b 插图）。

（a）　　　　　　　　　　　（b）

图 5-12　（a，b）Ti-400 的透射电子显微镜图（插图：高分辨率透射电子显微镜）

Ti-400 样品的透射电子显微镜 – 能量色散 X 射线分析映射图谱显示了 Ti、O、N 和 Br 元素的存在（见图 5-13c ～ f），表明 Br 均匀地分布在 TiO$_2$ 球中。

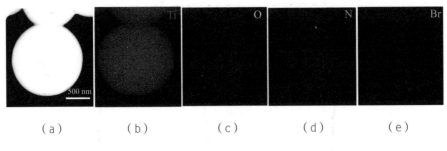

（a）　　　（b）　　　（c）　　　（d）　　　（e）

图 5-13　Ti-400 样品的元素分布图

注：图（a）为对照，图（b）为 Ti 元素，图（c）为 O 元素，图（d）为 N 元素，图（e）为 Br 元素。

通过 X 射线光电子能谱进一步分析得知，产物 Ti-400 中含有 O、Ti、N 和 Br 4 种元素。Ti 2p 分别在 457.9 eV、459.3 eV 和 465.1 eV 处显示出明显的特征峰（见图 5-14）。465.1 eV 和 459.3 eV 的结合能可以归因于 Ti^{4+} 的 Ti 2p3/2 和 Ti 2p1/2 自旋轨道的分裂。与此同时，457.9 eV 的峰主要对应 Ti^{3+} 离子，这表明 Ti^{3+} 的存在[194]。

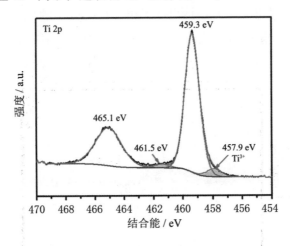

图 5-14　Ti-400 样品的 Ti 2p X 射线光电子能谱精细谱图

由 O 1s 的精细谱图（见图 5-15）可知，在 529.6 eV、531.0 eV 和 532.2 eV 有 3 个明显的特征峰，分别对应晶格氧、表面吸附氧和羟基氧。

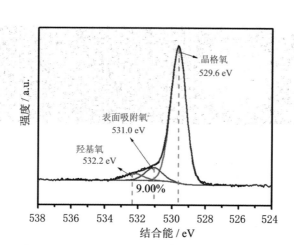

图 5-15　Ti-400 样品的 O 1s X 射线光电子能谱精细谱图

随后，笔者利用电子顺磁共振分析了不同烧结温度下 TiO$_2$ 纳米材料中的氧空位，如图 5-16 所示。由图 5-16 可以直接看到，Ti-400 在 g=2.000 处显示出明显的顺磁信号，这对应氧空位，进一步证明了产物 Ti-400 中存在氧空位。笔者进一步分析发现 400 ℃烧结的产物中的氧空位比 300 ℃烧结得更明显，这可能是由于在 300 ℃烧结的产物中仍有大量的有机碳存在。然而，当烧结温度上升到 500 ℃时，烧结后的产物的氧空位几乎消失，这可能是由于在空气中高温烧结造成的。

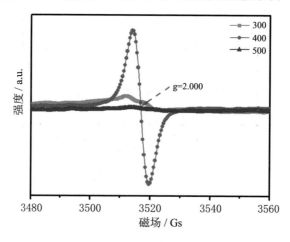

图 5-16　在不同温度下烧结的产物的电子顺磁共振图

众所周知，材料的导电性取决于电荷载流子的浓度和迁移率[195]，而氧空位的引入将增加材料内部的载流子浓度。从 3 个不同温度下烧结的产物的 O 1s 精细谱图可以看出（见图 5-17），Ti-400 样品的氧空位含量是最高的。结合后续的气敏性能图可以进一步发现，由于氧空位的存在，产物 Ti-400 显示出更好的气敏性能。

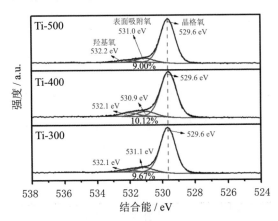

图 5-17　Ti-300、Ti-400、Ti-500 样品的 O 1s X 射线光电子能谱精细谱图

由 N 1s 的 XPS 精细谱图（见图 5-18）可知，399.5 eV 处明显特征峰主要是源于材料中的 N—Ti—O 键[84, 185]。从合成中所使用的原料可以得知，N 元素只来自离子液体中的咪唑环，因此，可以证明产物 Ti-400 中仍有少量的离子液体残留物。

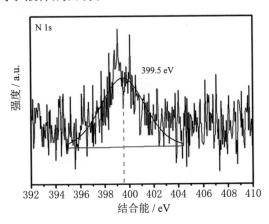

图 5-18　Ti-400 样品 N 1s 的 X 射线光电子能谱精细谱图

Ti-300、Ti-400 和 Ti-500 产物的 N_2 吸附－脱附等温线表明，烧结后产物都有孔，并且具有介孔结构特点（2～9 nm）。随着烧结温度的升高，材料的孔径逐渐增大（见图 5-19），这主要是由于在高温烧结过程中，产物中的离子液体中的有机碳链断裂所致。所以笔者可以确定，离子液体 $[C_{16}mim][Br]$ 不仅起着模板作用，还起着造孔剂作用。然而，随着烧结温度的升高，比表面积逐渐减小，Ti-300 的比表面积大小为 126.703 $m^2 \cdot g^{-1}$，Ti-400 为 45.048 $m^2 \cdot g^{-1}$，Ti-500 为 17.269 $m^2 \cdot g^{-1}$。比表面积的巨大差异可能是由于随着烧结温度的升高，粒径增加造成的。结合比表面积的数值，笔者可以得出结论，比表面积不是决定材料气体传感性能的唯一因素，缺陷的存在更有利于提高气体传感性能。Ti-400 样品中虽然比表面积小，但氧空位的引入使活性位点增加，因而气敏性能大大提升。

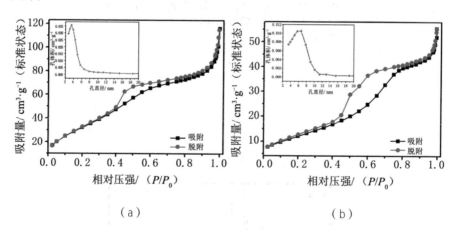

（a）　　　　　　　　　　　（b）

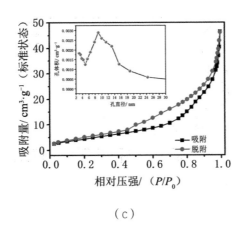

（c）

图 5-19 Ti-300（a）、Ti-400（b）、Ti-500（c）的
氮气吸附－脱附等温线及相应的孔径分布（插图）

5.2.3 球形锐钛矿相 TiO₂ 的气敏性能

（1）最佳工作温度的选择和对异丙胺气体的选择性。由 Ti-300、Ti-400 和 Ti-500 产物制得的传感器在不同工作温度下对 100 ppm 异丙胺气体的响应灵敏度曲线可以看出，3 个器件对气体的响应趋势均呈现出明显的火山状，即随着工作温度的升高，灵敏度开始逐渐增加，在工作温度 170 ℃时达到最大值，然后随着工作温度的升高而下降。当温度低于 170 ℃时，响应较低的主要原因是由于材料的表面活性较低，而当温度高于 170 ℃时，由于材料表面的表面吸附氧的脱附速度加快，在工作温度超过一定限度后，响应会降低[103]（见图 5-20）。

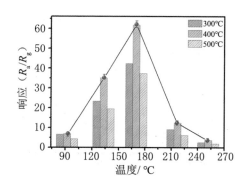

图 5-20　Ti-300、Ti-400、Ti-500 传感器在不同工作温度下对异丙胺的响应

　　在 3 个器件中，Ti-400 气敏性能最佳，是由于 Ti-400 材料的氧空位含量最多，而 Ti-300 传感器的性能优于 Ti-500，这可能是由于 Ti-300 的氧空位含量多于 Ti-500，Ti-300 产物的比表面积也大于 Ti-500，更有利于气体与材料的相互作用，含有较多氧空位的传感器表现出更高的响应。因此在后续测试中，选择 170 ℃作为最佳工作温度并测试后续的气敏性能。

　　随后，在 170 ℃的最佳工作温度下，比较了 Ti-300、Ti-400 和 Ti-500 传感器对 100 ppm 的各种有机挥发性气体的响应。Ti-300、Ti-400 和 Ti-500 传感器对前 8 种常见气体的响应都很小（$S < 2$），3 种传感器之间的性能差异并不明显（见图 5-21）。对于后 3 种胺类气体，由于气体本身的空间位阻和给电子能力不同，3 种传感器对异丙胺都表现出良好的气体响应，但具有氧空位的 Ti-400 传感器表现出增强的响应，这进一步证明了氧空位的存在可以提高材料的气体响应。与其他有机挥发性气体（NO_2、CO、乙醇、苯胺、二甲胺、三乙胺、丙酮、氨气、二异丙胺和三甲胺）相比，响应要高出 3 ～ 44 倍。因此，笔者可以得出结论，氧空位的形成有利于提高异丙胺的气体灵敏度。

　　结合密度泛函理论计算（见表 5-1），吸附能越大，说明材料表面对气体的吸附能力越强。由表中数据可以明显地看出有氧空位比没有氧空位的材料吸附能力更强，且对异丙胺气体的吸附能最大，这与选择性的测试结果相对应。无氧空位和有氧空位的锐钛矿相 TiO₂ 的吸附模型（见图 5-22 ）。

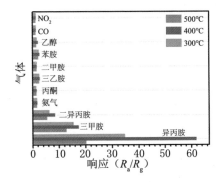

图 5-21 Ti-300、Ti-400、Ti-500 传感器在最佳工作温度 170 ℃ 下对 11 种气体的选择性测试

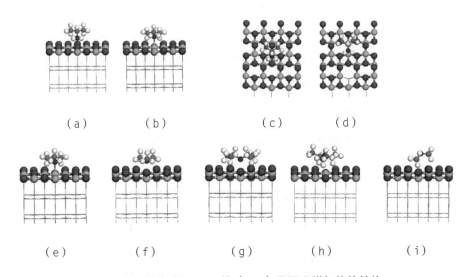

图 5-22 锐钛矿相 TiO₂ 的（101）晶面吸附气体的结构

注：图（a）、（c）为无氧空位的（101）晶面吸附异丙胺气体的结构图；图（b）、（d）、（e）为有氧空位的（101）晶面吸附异丙胺气体的结构图；图（f）为有氧空位的（101）晶面对三甲胺的吸附结构图；图（g）为有氧空位的（101）晶面对二异丙胺的吸附结构图；图（h）为有氧空位的（101）晶面对三乙胺的吸附结构图；图（i）为有氧空位的（101）晶面对二甲胺的吸附结构图。

表 5-1　TiO₂ 无/有氧空位的（101）晶面对多种胺气体的吸附能大小对比

TiO₂ 晶面	气体种类				
	异丙胺	三甲胺	二异丙胺	三乙胺	二甲胺
(101)–Vo	−1.904	−0.7856	−1.183	−1.649	−1.795
(101)	−1.758	—	—	—	—

（2）球形锐钛矿相 TiO₂ 对异丙胺气体的响应恢复性能。由 Ti-400 传感器在最佳工作温度 170 ℃下对 100 ppm 异丙胺气体的单次响应和恢复曲线可以看出，含氧空位的 Ti-400 对 100 ppm 异丙胺气体的响应时间只有 22 s，具有良好的实际应用价值，但恢复时间相对较长，这可能与异丙胺从材料表面脱附后容易重新吸附有关（见图 5-23）。此外，异丙胺气体中的甲基（—CH₃）属于给电子基团，使 N 上的电子云密度增加。当异丙胺气体与 TiO₂ 材料的氧空位处发生吸附时，异丙胺气体中 N 上的电子会转移到 TiO₂ 材料，导致传感器电阻发生改变，这可能也是异丙胺气体恢复时间长的原因之一 [5]。尽管在最佳工作温度下传感器的恢复时间相对较长，但在后期使用的过程中，可以通过提高工作温度改善这一不足。

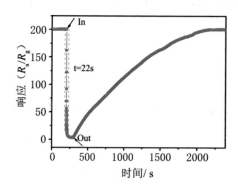

图 5-23　Ti-400 传感器在最佳工作温度下对 100 ppm 异丙胺气体的
单一响应和恢复曲线

　　此外，为了对比不同气氛烧结后产物对异丙胺气体的气敏性能，笔者将相同条件下合成的不加离子液体与加离子液体的前驱体分别在空气和 N_2/H_2 气氛下进行烧结并将其制备成气敏元件，测其对异丙胺的气敏性能（见图 5-24）。

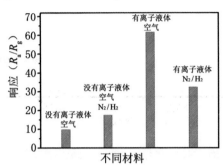

图 5-24　不同条件下获得的材料对异丙胺的响应

　　对比发现，不添加离子液体时，N_2/H_2 气氛下烧结后的产物制备的气体传感器对异丙胺气体的气敏性能要明显高于空气气氛下烧结后的产物，这可能是由于在 N_2/H_2 气氛下烧结后产物中也有氧空位的存在（见图 5-25），对异丙胺气体吸附能力明显增强，从而使气敏性能提升。而添加离子液体后，N_2/H_2 气氛下烧结后的产物制备的气体传感器对异丙胺气体的气敏性能要明显低于 Ti-400 传感器，由此推测这可能是由于在 N_2/H_2 气氛下烧结离子液体仍有残留。

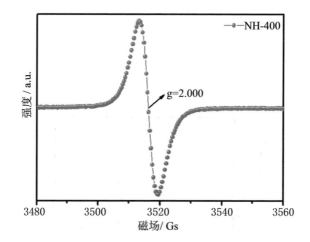

图 5-25　N$_2$/H$_2$ 气氛下 400 ℃ 烧结后产物的 EPR 图

傅里叶变换红外光谱（见图 5-26）进一步证实了在 N$_2$/H$_2$ 气氛下烧结后的产物中存在离子液体的残留物。2900 ～ 2800 cm^{-1}、1451 cm^{-1} 和 1041 cm^{-1} 附近的峰分别归因于脂肪族链上的饱和 C—H 拉伸振动峰、咪唑环的骨架拉伸振动和 C—N 键的拉伸振动。

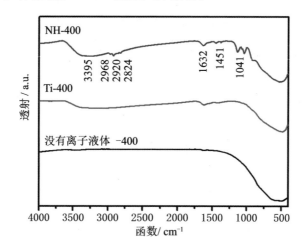

图 5-26　不同气氛下烧结产物的傅里叶变换红外光谱图

（3）球形锐钛矿相 TiO$_2$ 对异丙胺气体的重现性。在最佳工作温度为

170 ℃的情况下，Ti-400 传感器在 10 次测试中对 100 ppm 的异丙胺具有良好的重现性（见图 5-27）。

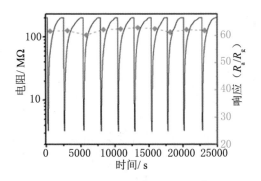

图 5-27　Ti-400 传感器对 100 ppm 异丙胺连续测试 10 次的响应和恢复曲线图

（4）球形锐钛矿相 TiO₂ 对异丙胺气体的长期稳定性和抗湿性。40 d 后的灵敏度变化仅为 3.42%（见图 5-28），可以看出，该传感器还具有良好的抗湿性。

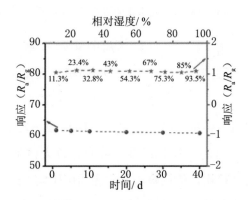

图 5-28　Ti-400 传感器对 100 ppm 的异丙胺的长期稳定性和抗湿性

（5）球形锐钛矿相 TiO₂ 对异丙胺气体的线性。当 Ti-400 传感器暴露在 0.2 ～ 100 ppm 的异丙胺中时，传感器具有良好的线性，并且随着气体浓度的增加，响应逐渐增加（见图 5-29）。令人惊讶的是，传感器对异丙胺气体的最低检测限 ＜ 1 ppm（见图 5-29a），从 0.2 ～ 100 ppm 气体的反应的线性相关系数为 0.999。因此，可以看出，Ti-400 传感器对异丙胺表现出良好的气敏性能，不仅检测极限较低，而且检测范围也相对较宽。这主要由于材料中氧空位的形成，为气体在材料表面的吸附提供了更多的活性位点[195]。

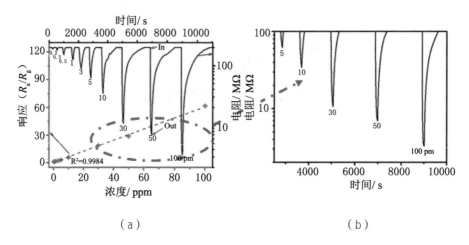

（a）　　　　　　　　　　（b）

图 5-29　Ti-400 传感器对不同浓度的异丙胺的响应和恢复曲线及线性图

（6）球形锐钛矿相 TiO₂ 对除草剂的实际检测。草甘膦异丙胺盐（$C_6H_{17}N_2O_5P$）和莠去津（atrazine）是应用很广泛的除草剂，它们可以防止和消除几乎所有一年生或多年生杂草，通常被用于果园、玉米地、山脊、公路、铁路、排水和灌溉沟渠。长期接触一定量的除草剂或食用清洗后有除草剂残留的水果和蔬菜，可能导致人体免疫力下降、头晕、恶心，甚至有致癌和死亡的危险。2017 年 10 月 27 日，世界卫生组织国际癌症研究机构公布的致癌物清单莠去津位列其中。除草剂目前主要通过液相色谱法进行检测，操作相对烦琐。若能采用简单便携的气体传感器对除草剂中主要残留的挥发性有机化合物进行实时检测，将更有利于及时保护人们的健康。由图 5-29a 与图 5-29b 对比、图 5-30a 与图 5-30b 对比可知，除草剂中含有异丙胺。

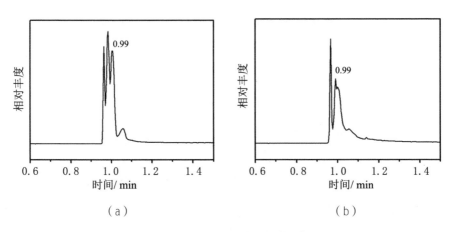

图 5-30　纯异丙胺（a）和除草剂草甘膦异丙胺盐（$C_6H_{17}N_2O_5P$）
溶液（b）的气相色谱图

　　异丙胺沸点低、易挥发，可以利用气体传感器进行检测。因此，为了验证气体传感器在未来实际应用中检测异丙胺的可能性，笔者选择了草甘膦异丙胺盐和莠去津商用除草剂进行测试。Ti-400 传感器对两种除草剂饱和蒸汽的灵敏度分别为 5.58 和 7.32，且具有较快的响应（见图 5-31）。

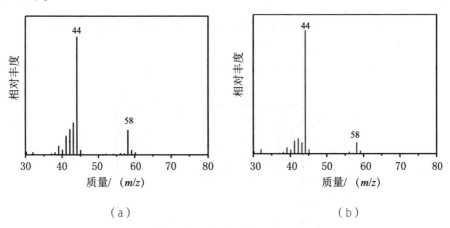

图 5-31　纯异丙胺（a）和除草剂草甘膦异丙胺盐（$C_6H_{17}N_2O_5P$）
溶液（b）的质谱图

由此可以得出结论，传感器对除草剂具有良好的检测能力，可以用于相对密闭环境下喷洒除草剂过程中环境的安全检测。因此，笔者通过设计实验模拟水溶性除草剂（草甘膦异丙胺盐）的实际用量并利用传感器监测其浓度随时间的变化。实验的具体过程如下：笔者将一株绿色植物放在一个 1 L 的烧杯中，市售的草甘膦异丙胺除草剂用超纯水稀释后均匀喷洒在植物表面（1 mL 草甘膦异丙胺，100 mL H_2O），通过传感器实时监测植物表面的异丙胺残留量。实验检测了传感器在被喷洒植物表面 40 h 的瞬时响应信号（见图 5-32、图 5-33）。

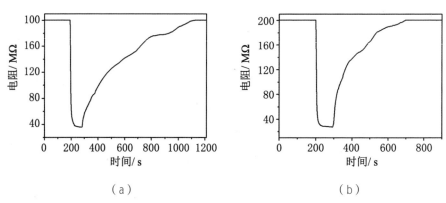

（a）　　　　　　　　　　　　（b）

图 5-32　Ti-400 传感器对除草剂的饱和蒸汽的响应和恢复曲线图

注：图（a）为草甘膦异丙胺盐，图（b）为莠去津。

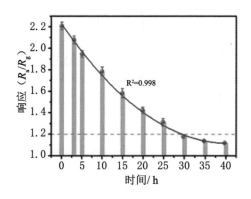

图 5-33　草甘膦异丙胺盐残留随时间变化的响应直方图

传感器对异丙胺的响应随着存放时间的增加而减少，但有一个非线性关系（$y=2.213-0.0535x+6.543 \times 10^{-4}x^2$）。然而，值得注意的是，尽管响应随时间的增加而逐渐减弱，植物表面的残留异丙胺含量减少，但在喷洒后 25 h 仍可检测到异丙胺。因此，该传感器可以对异丙胺类除草剂在密闭环境下喷洒后的变化进行安全有效的检测。虽然在这种情况下，异丙胺的浓度无法准确量化，但如此快速简便的检测仍可降低环境污染的风险，对保护人类生命健康具有重要意义。

5.2.4 球形锐钛矿相 TiO₂ 的异丙胺气敏机理

金属氧化物半导体传感器的主要气敏机理通常认为是气体分子在材料表面的吸附并与材料表面发生氧化还原反应导致电子转移，从而引起电阻的变化[103]。在本研究中，由于溴与 TiO₂ 中的氧半径相似，易发生取代反应，因此溴的引入使材料中形成氧空位，不仅如此，溴的引入还使 TiO₂ 材料的禁带宽度变小（2.87 eV）（见图 5-34），这主要是由于氧空位可以充当电子的供体中心，将电子释放到导带中[196]，使在价带形成新的空位能级，随着氧空位浓度的增加，空位能级会向上移动，而当空位能级到达价带边缘时，这会使价带顶部变宽，带隙变小[197]。氧空位的引入最主要目的是在 TiO₂ 中制造更多的活性位点，提高材料表面的吸附活性，这可以使更多的气体分子容易吸附在 TiO₂ 表面。

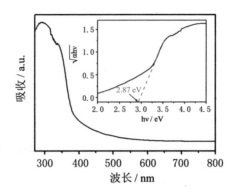

图 5-34 Ti-400 传感器的紫外 - 可见漫反射光谱和（αhv）^{1/2} 与吸收光能量的关系
图以及漫反射吸收光谱（插图）

通过密度泛函理论计算（见图 5-35），异丙胺在 TiO_2（101）和 $Ov-TiO_2$（101）的吸附能分别为 -1.758174 eV 和 -1.904117 eV，负吸附能越大，表明吸附能力越强，含有氧空位材料的吸附能较高表明对异丙胺气体的作用能力更强，更容易促进随后的氧化还原反应。

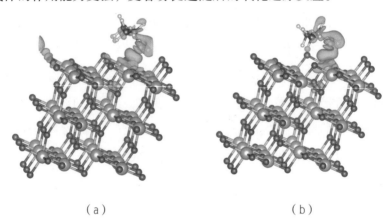

（a）   （b）

图 5-35 锐钛矿相 TiO_2 的（101）晶面吸附异丙胺气体后的电荷密度差分图

注：图（a）无氧空位；图（b）有氧空位。

为了进一步验证测试气体与材料表面吸附氧发生氧化还原反应，笔者还用传感器对配制在不同气氛中的 100 ppm 异丙胺进行了气敏性能测试，即测试传感器在不同氧气浓度下的性能（见图 5-36）。测试结果显示，当用氮气作为平衡气体时（见图 5-36a），传感器对 100 ppm 异丙胺的响应灵敏度是 21.37。当使用氧气作为平衡气体时（见图 5-36b），响应大大增加，响应灵敏度为 176.6。然而，传感器不能恢复到初始电阻值。这表明在测试过程中，氧气浓度的变化确实影响了传感器的气敏性能。结合以上分析，推测异丙胺在 Ov-TiO₂ 表面的传感过程具体方程式如下：

$$O_2 + 2e^- + = 2O^- \tag{5-1}$$

$$CH(CH_3)_2NH_2 + O^- = CO_2 + H_2O + N_2 + e^- \tag{5-2}$$

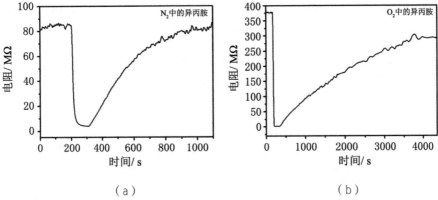

（a）　　　　　　　　　　　（b）

图 5-36　Ti-400 传感器对 100 ppm 异丙胺的响应和恢复曲线

5.3　本章小结

笔者以乙酰丙酮氧钛为反应原料，离子液体 [C₁₆mim][Br] 为形貌调节剂和阴离子添加剂，通过简单的一步溶剂热法，结合空气气氛下 400 ℃烧结 2 h 成功合成了具有氧空位的 TiO₂。笔者最终确定制备离子液体 [C₁₆mim][Br] 辅助合成球形 TiO₂ 的最佳反应条件为 2 mmol 乙酰丙酮氧钛（0.5642 g），溶剂为 30 mL 无水甲醇，1.6 mmol（0.6199 g）离子液体 $[C_{16}mim][Br]$，反应温度 180 ℃，反应时间 16 h。

气敏测试结果表明，氧空位的存在使传感器对异丙胺气体表现出优异的选择性、抗湿性、长期稳定性及较宽的线性范围（0.2 ～ 100 ppm），对异丙胺气体的最低检测限＜ 1 ppm，且对 100 ppm 气体的响应时间仅为 22 s。这是目前较早采用电阻式气体传感器的方式对异丙胺气体进行气敏性能的检测研究。

笔者将气体传感器应用于除草剂的实际应用中，这对于传感器的生产具有重要的意义。良好的气敏性能主要归因于离子液体中的 Br 掺杂到 TiO_2 材料中形成丰富的氧空位，从而增大了对气体分子的吸附能力。这为今后非金属元素掺杂金属氧化物半导体并应用于气体传感器领域，探索气体传感器的实际应用提供了重要的参考价值。

6 纳米立方体 TiO_2 高活性（001）晶面的调控及其对丙酮的气敏性能

6.1 引言

丙酮是工业生产中常见的 VOCs 气体，当人体暴露在 173 ppm 的丙酮环境中时，会对中枢神经系统造成严重的影响。丙酮也是糖尿病人呼出气中重要的生物标记，健康人群呼出气中丙酮浓度低于 1.8 ppm，而糖尿病患者呼出气中丙酮的浓度大于 2 ppm。目前，糖尿病已成为一种世界上普遍存在的慢性疾病，预计到 2045 年患病人数将增长至 6.29 亿[198]。糖尿病及其并发症威胁着人们的健康，影响了人们正常的生活。人们对糖尿病人病情的监测通常是通过检测血液中的葡萄糖进行的，并不方便。而糖尿病患者呼出气中丙酮浓度和血糖高低有一定的相关性，如果通过检测患者呼出气中丙酮的浓度，从而实现对糖尿病患者的早期无痛检测，对于患者来说是一种行之有效的简便手段。故近年来，开发快速、可靠的丙酮气体传感器并用于糖尿病患者病情的无痛检测在气体传感器研究领域引起了极大的关注。

目前，已有多种金属氧化物材料用于丙酮气体的检测，如 ZnO、In_2O_3、SnO_2 等，但普遍存在传感器工作温度较高的问题。尤其是对于检测糖尿病患者呼出气的气体传感器，由于呼出气的复杂性，对于传感器的选择性、响应速度，以及工作温度都有着更高的要求。TiO_2 凭借其成本低、高灵敏、合成简单等特点在众多金属氧化物气体传感器材料中脱颖而出。近年来人们的研究表明，气敏材料的性能不仅取决于其尺寸和晶相，还取决于晶面，因为不同晶面具有不同的表面原子结构和不饱和键[199, 200]。Yang 等[201] 对 TiO_2 多晶结构进行理论和实验研究发现，锐钛矿相的（001）晶面比其他晶面更具反应性[202]，这主要是由于（001）晶面表面能高，同时存在 100% 不饱和五配位钛原子（Ti_{5c}）[203]，而（101）

面只有 50% 的 Ti_{5c} 原子，所以 TiO_2 的（001）晶面具有更多的吸附位。而丙酮分子在高能（001）晶面上的吸附比在正常暴露的（101）晶面上的吸附更稳定[204]，如果增加（001）晶面的暴露率，就可以进一步提高 TiO_2 的气敏性能[205]。

但是，在晶体生长过程中（001）面通常由于高表面自由能（0.90 J·m⁻²）而容易消失，（101）面由于低表面自由能（0.44 J·m⁻²）而易于保留。目前在水热反应合成 TiO_2 的过程中，人们主要通过使用矿化剂、含氟化合物，以及表面活性剂等，来合成暴露更多（001）晶面的锐钛矿相 TiO_2[206-208]，这主要是由于 F 的表面封端可以使（001）晶面更稳定。例如，Wang 等[209] 通过化学腐蚀法合成具有缺陷（001）晶面 TiO_2 纳米板材料，在最佳工作温度 400 ℃下，由该材料制得的传感器对 100 ppm 丙酮气体的灵敏度为 21.3。Wang 等[64] 通过静电纺丝和水热相结合的方法在不同孔径 SiC 纤维表面生长（001）面 TiO_2 纳米片和（110）面 TiO_2 纳米片，在最佳工作温度 450 ℃下对 100 ppm 丙酮气体的灵敏度为 19.2。而 Yan 等[57,73] 研究发现，共暴露（001）和（101）晶面的形成还可以在单个 TiO_2 粒子内形成表面异质结，这更有利于电子转移，改善电荷分离。但是目前研究所制备的（001）晶面高暴露的 TiO_2 粒子尺寸相对较大（大于 50 nm），若能合成更小尺寸的纳米材料将会得到更大的吸附目标气体的有效面积，必将进一步提升 TiO_2 对丙酮的气敏性能。

因此，本章以离子液体 1- 丁基 -3- 甲基咪唑四氟硼酸盐（[Bmim][BF₄]）为氟源和形貌调节剂，通过简单的一步水热法合成了粒径 < 50 nm 的（001）和（101）晶面共暴露的 TiO_2 纳米立方体。由于活性晶面（001）面的暴露使 TiO_2 纳米立方体可以在较低工作温度下（170 ℃）对丙酮气体具有良好的气敏性能。该传感器对丙酮的检测限低至 30 ppb，且对 100 ppm 丙酮气体的响应时间仅为 2.2 s，对 1.8 ppm 丙酮气体的灵敏度为 3.76。运用该传感器对糖尿病患者的呼出气进行了实际检测，可

为糖尿病患者早期无痛诊断提供便利。

6.2 实验结果与讨论

6.2.1 反应条件对产物形貌的影响

笔者以乙酰丙酮氧钛为反应原料，离子液体 [Bmim][BF$_4$] 为辅助试剂，采用简单的一步水热法成功合成（001）和（101）晶面共暴露的粒径小于 50 nm 的 TiO$_2$ 纳米立方体材料。在反应过程中，笔者主要考察 H$_2$O$_2$ 加入量、离子液体的加入量、反应温度、反应时间以及烧结温度对产物的形貌和气敏性能的影响。

（1）H$_2$O$_2$ 加入量对产物形貌和气敏性能的影响。在反应过程中，反应原料的加入量是决定产物形貌的重要因素。笔者在反应过程中保持 2 mmol 乙酰丙酮氧钛（0.5642 g）、离子液体 1- 丁基 -3- 甲基咪唑四氟硼酸盐（[Bmim][BF$_4$]）300 μL、在 180 ℃反应 12 h 不变，分别考察 H$_2$O$_2$ 加 入 量 0 mL、1 mL、2 mL、3 mL、4 mL、5 mL、6 mL 和 7 mL 对产物形貌的影响（见图 6-1）。

（a）   （b）

图 6-1 加入不同量 H$_2$O$_2$ 所制备产物的扫描电子显微镜图

当 H$_2$O$_2$ 加入量较少仅为 0 mL（见图 6-1a）和 1 mL（见图 6-1b）时，产物形貌仅为纳米粒子，没有纳米立方体的形成，且纳米粒子相互聚集。当 H$_2$O$_2$ 加入量继续增加，增加到 2 ml（见图 6-1c）、3 ml（见图 6-1d）、4 ml（见图 6-1e）、5 ml（见图 6-1f）时，产物逐渐有纳米立方体形貌形成，且纳米立方体大小均匀、形貌完整、分散性较好。当 H_2O_2 加入量继续增加为 6 mL（见图 6-1g）和 7 mL（见图 6-1h）时，H_2O_2 加入量的增加使纳米立方体粒径增大，且立方体形貌相对圆滑，棱角不够清晰。

对不同 H_2O_2 加入量所制备产物进行气敏性能测试（见图 6-2），可以看出，当 H_2O_2 加入量为 3 mL 时，产物表现出最佳的气敏性能。因此，在后续研究过程中，笔者确定最佳 H_2O_2 加入量为 3 mL。

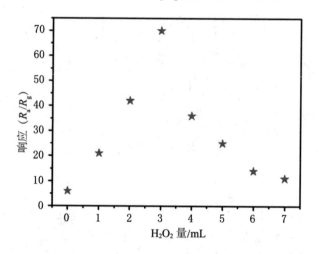

图 6-2　加入不同量 H_2O_2 所制备产物的气敏性能图

（2）离子液体（[Bmim][BF$_4$]）加入量对产物形貌和气敏性能的影响。在反应过程中，离子液体的加入量也是决定产物形貌的重要因素。笔者在反应过程中保持 2 mmol 乙酰丙酮氧钛（0.5642 g）、H_2O_2 加入量 3 mL、在 180 ℃反应 12 h 不变，分别考察离子液体 [Bmim][BF$_4$] 的加入量 0 μL、37.5 μL、75 μL、150 μL、300 μL 和 450 μL 对产物形貌的影响（见图 6-3）。

当离子液体 [Bmim][BF$_4$] 加入量为 0 μL 时（见图 6-3a），产物为纳米片组装的球形结构，分散性较差。当离子液体 [Bmim][BF$_4$]）加入量增加为 37.5 μL（见图 6-3b）、75 μL（见图 6-3c）、150 μL（见图 6-3d）

和 300 μL（见图 6-3e）时，产物形貌为均匀的纳米立方体结构，且产物形貌完整、分散性较好，由此可以看出离子液体加入对产物形貌的调节起着重要的作用。当离子液体 [Bmim][BF₄] 加入量继续增加为 450 μL 时（见图 6-3f），纳米立方体的粒径增大，且产物中有大量散碎的纳米粒子残留，产物为纳米立方体与纳米粒子混合而成。

（a）　　　　　　　　　　（b）

（c）　　　　　　　　　　（d）

（e）　　　　　　　　　　（f）

图 6-3　加入不同量离子液体（[Bmim][BF₄]）所制备产物的扫描电子显微镜图

171

笔者对不同离子液体加入量所制备的产物进行气敏性能测试（见图6-4）可以看出，当离子液体加入量为 300 μL 时所得产物表现出最佳的气敏性能。因此，笔者在后续研究过程中，确定最佳离子液体加入量为 300 μL。

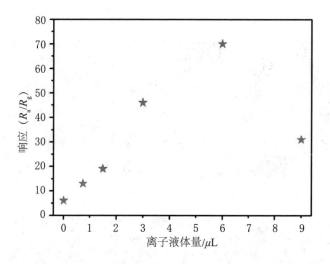

图 6-4　加入不同量离子液体（[Bmim][BF$_4$]）所制备产物的气敏性能图

（3）反应温度对产物形貌和气敏性能的影响。在反应过程中，反应温度也是决定产物形貌的重要因素。反应过程中保持 2 mmol 乙酰丙酮氧钛（0.5642 g）、H$_2$O$_2$ 加入量 3 mL、离子液体 [Bmim][BF$_4$] 的加入量 300 μL、反应 12 h 不变，分别考察反应温度为 120 ℃、140 ℃、160 ℃、180 ℃、200 ℃和 220 ℃对产物形貌的影响。不同反应温度合成所得产物形貌，如图 6-5 所示。

图 6-5　不同反应温度所制备产物的扫描电子显微镜图

当反应温度为 120 ℃时（见图 6-5a），产物形貌为椭球形结构并没有纳米立方体结构形成。当反应温度为 140 ℃时（见图 6-5b），随着反应温度的升高，产物中出现少量纳米立方体结构，但结构生长不够完整，存在空心结构。不仅如此，产物为纳米粒子与纳米立方体的混合体。当反应温度继续增加为 160 ℃时（见图 6-5c），产物中纳米立方体的含量明显增加，但纳米立方体生长不够完整，且产物中还有大量纳米粒子。当继续增加反应温度为 180 ℃（见图 6-5d）、200 ℃（见图 6-5e）和 220 ℃（见图 6-5f）时，纳米立方体生长完全、大小均匀、形状完整，且分散性较好。但 200 ℃和 220 ℃时制备的产物，其纳米立方体的粒径增加。

笔者对不同反应温度所制备的产物进行气敏性能测试（见图 6-6）可以看出，当反应温度为 180 ℃时所得产物表现出最佳的气敏性能。因此，笔者在后续研究过程中，确定最佳反应温度为 180 ℃。

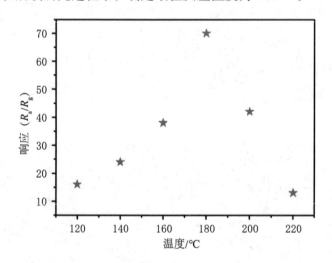

图 6-6　不同反应温度所制备产物的气敏性能图

（4）反应时间对产物形貌和气敏性能的影响。在反应过程中，反应时间也是决定产物形貌的重要因素。笔者在反应过程中保持 2 mmol 乙酰丙酮氧钛（0.5642 g）、H_2O_2 加入量 3 mL、离子液体 [Bmim][BF$_4$] 的加入量 300 μL、反应温度 180 ℃不变，分别考察反应时间为 2 h、4 h、8 h、12 h、16 h 和 24 h 对产物形貌的影响（见图 6-7）。

（a）　　　　　　　　　　　　　（b）

（c）　　　　　　　　　　　　　（d）

（e）　　　　　　　　　　　　　（f）

图6-7　不同反应时间所制备产物的扫描电子显微镜图

当反应时间较短为2 h（见图6-7a）和4 h（见图6-7b）时，产物形貌并不是纳米立方体结构，而是表面相对光滑的纳米球结构。当继续增加反应时间为8 h（见图6-7c）和12 h（见图6-7d）时，产物出现了明显的纳米立方体结构，大小均匀，形状完整，且分散性相对较好。然而，继续增加反应时间为 16 h（见图 6-7e）和 24（见图 6-7f）时，产物仍为纳米立方体结构，但粒子分散性较差，相互聚集。

笔者对不同反应时间所得产物进行气敏性能测试（见图 6-8）可以看出，当反应时间为 12 h 时，产物表现出最佳的气敏性能。因此，笔者在后续研究过程中，确定最佳反应时间为 12 h。

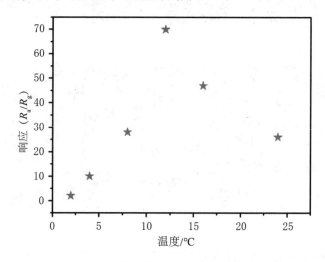

图 6-8　对应产物的气敏性能图

（5）烧结温度对产物形貌和气敏性能的影响。在反应过程中，烧结温度也是决定最终产物形貌的重要因素。笔者在反应过程中保持 2 mmol 乙酰丙酮氧钛（0.5642 g）、H_2O_2 加入量 3 mL、离子液体 [Bmim][BF$_4$] 的加入量 300 μL、反应温度 180 ℃、反应 12 h 不变，分别考察烧结温度为 400 ℃、500 ℃、600 ℃和 700 ℃时对产物形貌的影响。不同烧结温度下所得产物形貌，如图 6-9 所示。

（a） （b）

（c） （d）

图6-9 不同烧结温度所制备产物的扫描电子显微镜图

注：图（a）为400 ℃；图（b）为500 ℃；图（c）为600 ℃；图（d）为700 ℃。

空气气氛下不同温度烧结后产物形貌没有发生明显的改变，为均匀的纳米立方体结构，大小均匀，形貌完整，分散性较好（见图6-9）。

笔者对不同烧结温度所得产物进行气敏性能测试（见图6-10）可以看出，当烧结温度为600 ℃时所得产物表现出最佳的气敏性能。因次，笔者在后续研究过程中，确定最佳烧结温度为600 ℃。

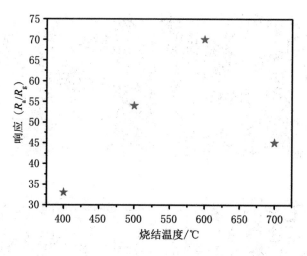

图 6-10　气敏性能图

笔者通过以上对产物形貌和气敏性能的考察，最终确定制备（001）和（101）晶面共暴露 TiO_2 纳米立方体的最佳合成条件为 2 mmol 乙酰丙酮氧钛（0.5642 g），溶剂为 30 mL 水，300 μL 离子液体 1- 丁基 -3- 甲基咪唑四氟硼酸盐（[Bmim][BF_4]），反应温度 180 ℃，反应时间 12 h 并在空气气氛下于 600 ℃烧结 2 h。

6.2.2　纳米立方体 TiO_2 的结构表征

（1）纳米立方体 TiO_2 的热分析和物相分析。由热重曲线可以看出，前驱体的整个失重过程主要在 500 ℃之前，主要为表面吸附水和有机碳的失去，在 500 ℃时产物已失重完全趋于稳定（见图 6-11）。为了考察离子液体的残留对产物形貌和性能的影响，笔者分别在 400 ℃、500 ℃、600 ℃和 700 ℃对前驱体进行烧结，制得产物分别命名为 Ti-400、Ti-500、Ti-600 和 Ti-700。

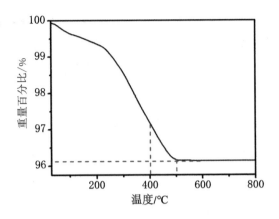

图 6-11　前驱体的热重曲线图

通过 X 射线衍射表征可知，随着烧结温度的升高，产物的结晶度逐渐提升，并且均与锐钛矿相 TiO₂（JCPDS No.84-1286）的（101）、（004）、（200）、（105）、（211）和（204）晶面相对应（见图 6-12）。此外，X 射线衍射图峰型尖锐，结晶性良好，且没有观察到额外的杂质峰存在，由此可以证明所得产物包括前驱体，均为锐钛矿相 TiO₂，且即使在 700 ℃高温烧结也没有使锐钛矿相 TiO₂ 发生晶相的改变。笔者通过谢乐公式计算前驱体和不同温度烧结后产物的（001）晶面的衍射峰，晶粒大小分别为 19.8 nm、34.1 nm、27.9 nm、35.1 nm 和 36.9 nm。

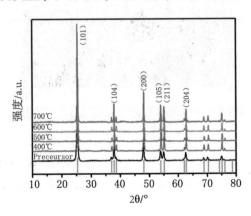

图 6-12　前驱体和在不同温度下烧结产物的 X 射线衍射图

（2）纳米立方体 TiO_2 的形貌和精细结构。由 600 ℃烧结后产物的扫描电子显微镜图可以看出，产物为表面光滑的纳米立方体结构，结合 X 射线衍射的晶粒尺寸计算结果可知产物为单个纳米立方体，大小均匀，粒径 < 50 nm（见图 6-13）。

为了进一步研究纳米立方体的结构，笔者也进行了透射电子显微镜分析。由产物在 600 ℃烧结后产物的透射电子显微镜图可知，纳米立方体形貌的轮廓清晰可见，同时高分辨率透射电子显微镜图可见清晰的晶格条纹，表明单一的纳米立方体 TiO_2 具有优异的结晶度（见图 6-14）。产物的晶格条纹分别与 TiO_2 的（101）和（001）晶面相对应，由此可以证明纳米立方体的不同面对应着不同的晶面。笔者通过 X 射线衍射进一步证明产物中（101）和（001）晶面的比例关系，最终确定产物中（101）面与（001）面占比为 4∶1，由此可以证明产物为 TiO_2 共暴露（101）与（001）晶面。纳米立方体表面有少量的孔，这可能是由于 600 ℃烧结过程中离子液体等有机物分解产生的（见图 6-14a）。

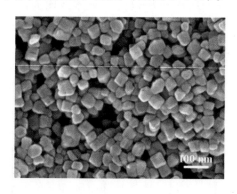

图 6-13　前驱体在空气气氛下 600 ℃烧结后产物的扫描电子显微镜

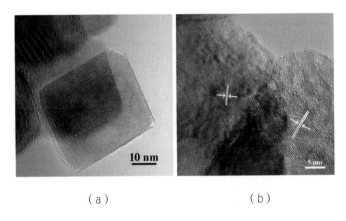

（a）　　　　　　　　　　（b）

图 6-14　前驱体在空气气氛下 600 ℃ 烧结后产物的透射电子显微镜图

笔者随后进行不同温度烧结产物的氮气吸附－脱附等温曲线分析。由孔径分布图看出，所有条件下合成的产物均为介孔结构，孔径分布主要集中在 10 nm 以内（见图 6-15）。经过吸附比表面测试法计算后，前驱体、400 ℃、500 ℃、600 ℃ 和 700 ℃ 烧结后产物的比表面积分别为 28.366 $m^2 \cdot g^{-1}$、26.325 $m^2 \cdot g^{-1}$、24.973 $m^2 \cdot g^{-1}$、26.992 $m^2 \cdot g^{-1}$ 和 24.397 $m^2 \cdot g^{-1}$，可以看出烧结前后产物的比表面积变化不大，这可能是由于纳米立方体的粒径相对较小。

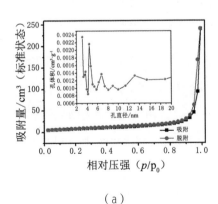

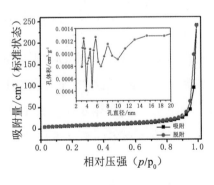

（a）　　　　　　　　　　（b）

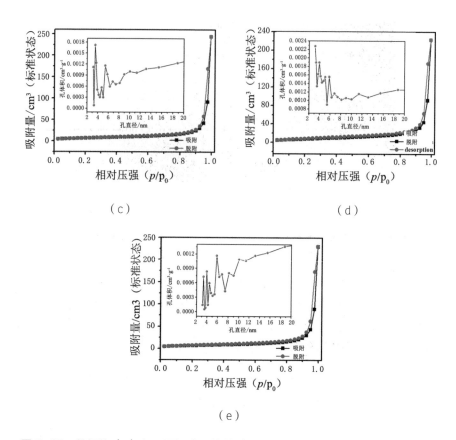

图 6-15　前躯体（a）和不同温度下烧结（b：400 ℃；c：500 ℃；d：600 ℃；

e：700 ℃）后产物的氮气吸附 – 脱附等温曲线和孔径分布图（插图）

由 TiO$_2$ 纳米立方体的前驱体和在 400 ℃、500 ℃、600 ℃ 和 700 ℃ 烧结后产物的 X 射线光电子能谱图可以看出纳米立方体主要包含钛、碳、氧、氮、氟和硼 6 种元素（见图 6-16）。由 Ti 2p 的精细谱图可以看出，前驱体和不同温度下烧结后的产物均在 458.30 eV 和 464.0 eV 处出现明显的特征峰，分别与 Ti 2p3/2 和 Ti 2p1/2 相对应，证明烧结前后产物并未发生改变，Ti 为 +4 价（见图 6-16a）。由 C 1s 的精细谱图可以看出，前驱体和不同温度下烧结后的产物均在 284.6 eV、286.0 eV 和 288.6 eV 处出现明显的特征峰，可分别归属为 C-C、C-O 和 C=O 键（见

图 6-16b）。由 O 1s 的精细谱图可以看出，前驱体和不同温度下烧结后的产物均在 529.5 eV、531.4 eV 和 532.7 eV 处出现明显的特征峰，分别归属为晶格氧、表面吸附氧和羟基氧的特征峰（见图 6-16c）。烧结前后均有 N（见图 6-16d）、F（见图 6-16e）和 B（见图 6-16f）元素的存在，这主要归因于离子液体残留物的残留，但可以明显地看出，随着烧结温度的升高，N、F 和 B 元素的含量明显减少。由此可以进一步证明，产物均为 TiO₂，且在不同温度烧结后产物中仍有部分离子液体残余物的存在。

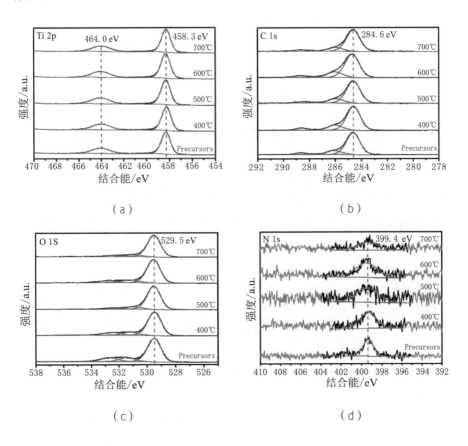

（a）

（b）

（c）

（d）

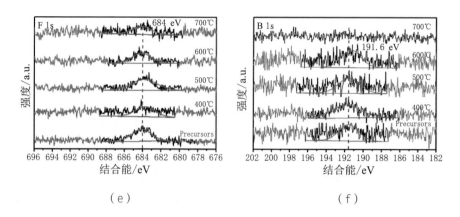

图6-16 前躯体和不同温度烧结后产物的 Ti 2p（a），C 1s（b），O 1s（c），
N 1s（d），F 1s（e）和 B 1s（f）的精细谱图

6.2.3 纳米立方体 TiO₂ 的气敏性能

（1）最佳工作温度的选择。为了研究烧结温度对产物传感性能的影响，笔者首先测定了样品对丙酮的响应。基于不同温度下烧结后的产物对丙酮气体的检测呈现先增后减的火山状，因此笔者确定样品的最佳烧结温度为 600 ℃，所以后续的气敏性能测试是基于 600 ℃下烧结的样品（Ti-600）进行的（见图 6-17）。

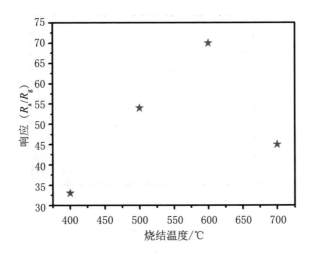

图 6-17　不同温度烧结后样品在最佳工作温度 170 ℃ 对 100 ppm 丙酮气体的
灵敏度图

　　测试的过程中一般会有多种干扰气体干扰丙酮的测定，因而选择性是评估气体传感器的关键因素。由 Ti-600 传感器在 133 ℃～ 252 ℃的工作温度对 8 种气体（100 ppm）的选择性图可以看出，在 133 ℃下，传感器对 100 ppm 的丙酮气体的响应最大灵敏度为 81.6（见 6-18 图）。经计算，丙酮气体对其他 7 种气体的选择性系数分别为 17.66、38.40、31.87、21.03、23.58、37.43 和 2.84，表明 Ti-600 对丙酮气体具有良好的选择性。当最佳工作温度为 133 ℃时，Ti-600 对丙酮气体的气敏性能最好，但由于工作温度相对较低，恢复时间相对较长，为 3800 s（见图 6-18）。

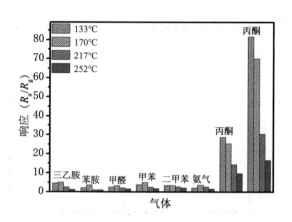

图 6-18   在不同工作温度下 Ti-600 样品对 100 ppm 不同气体的选择性

当工作温度为 170 ℃时，虽然传感器对丙酮气体的灵敏度略有下降，但由于工作温度的提升，响应时间明显加快，对 100 ppm 丙酮气体的响应时间仅为 2.2 s（见图 6-19）。而当传感器的工作温度继续提高时，对丙酮气体的响应随着工作温度的增加，灵敏度逐渐降低。

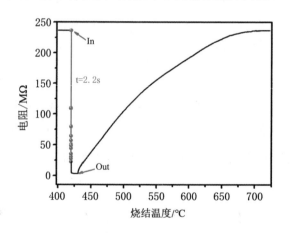

图 6-19   Ti-600 样品对 100 ppm 丙酮气体的单次响应和恢复曲线图

结合灵敏度和响应时间，笔者最终确定传感器的最佳工作温度为 170 ℃，以下的测试都是在 170 ℃下进行的。然而，在实际检测过程中，人们更倾向追求较低的工作温度和较快的响应，而恢复时间较慢的问题比较容易得到解决，一般可在前一次检测结束后，通过提高工作温度从而使传感器尽快恢复到初始电阻，再进行下一次检测。

（2）纳米立方体 TiO₂ 气体传感器对丙酮气体的选择性。为了排除多种气体的混合干扰，因此，笔者对传感器进行丙酮气体交叉其他气体的选择性检测。在最佳工作温度 170 ℃下笔者将 100 ppm 丙酮气体分别与 100 ppm 三乙胺、苯胺、甲醛、甲苯、二甲胺、氨气和乙醇混合后检测 Ti-600 气体传感器对混合气体的灵敏度（见图 6-20）。测试结果发现，纯丙酮气体与混合后气体之间的灵敏度变化很小。不仅如此，即使将每种浓度 100 ppm 的所有测试气体均混合在一起，传感器的灵敏度也没有发生大幅度的改变，由此可以证明 Ti-600 气体传感器对丙酮气体具有优异的选择性。这主要是由于纳米立方体（001）活性晶面的暴露，使材料表面的电子云密度增大，而且由于丙酮的高偶极矩（2.88）[210]，分子极性更强，使丙酮气体与暴露晶面之间的相互作用能力更强，因此传感器对丙酮气体的选择性更好。

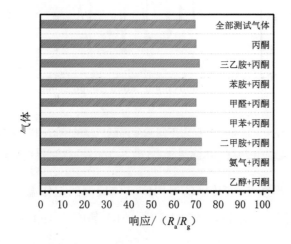

图 6-20 Ti-600 样品在最佳工作温度 170 ℃ 对 100 ppm 混合气体的选择性

（3）纳米立方体 TiO₂ 气体传感器对丙酮气体的响应恢复性能。由传感器随丙酮气体浓度变化的灵敏度曲线图可以看出，随着丙酮气体浓度的增加，灵敏度逐渐增大（见图6-21）。与此同时，传感器具有相对较宽的线性范围，对 0.03 ppm ～ 100 ppm 的丙酮气体，灵敏度随浓度的线性相关系数为 0.9969，具有良好的线性关系。值得注意的是，Ti-600 传感器对丙酮气体的最低检测限可以低至 30 ppb，这对于想通过糖尿病人呼出气中丙酮气体的检测来对患者的病情作出实时监测成为可能。Ti-600 气体传感器对丙酮气体的检测具有相对较低的工作温度、较短的响应时间和低的检测限，这主要是由（001）活性晶面的暴露提供了更多的活性位点，并且丙酮分子在高能（001）晶面上的吸附比在正常暴露的（101）晶面上的吸附更稳定决定的。

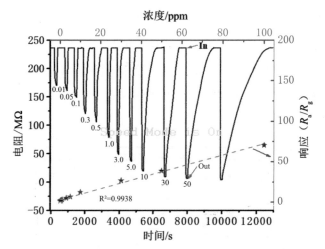

图 6-21　Ti-600 样品对不同浓度丙酮气体的响应和恢复曲线
及响应灵敏度与气体浓度（0.03 ～ 100 ppm）的线性关系

　　对比不同形貌 TiO_2 传感器对丙酮气体检测的工作温度、浓度、灵敏度和检测限发现，共暴露（001）和（101）晶面的 TiO_2 纳米立方体传感器对丙酮气体检测显示出优异的响应特性，即较低的工作温度、较低的检测限和较高的响应灵敏度，有利于痕量丙酮气体的检测及糖尿病人的无痛检测（见表 6-1）。

表 6-1 Ti-600 的丙酮传感响应与其他 TiO₂ 材料性能的比较

材料	工作温度/℃	浓度/ppm	灵敏度/R_a/R_g	检测限/ppm	实际应用	参考文献
TiO_2-SnO_2-TiO_2	280	500	13.3	1	—	[58]
Ag-TiO_2	275	100	13.9	—	—	[50]
Fe_2TiO_5-TiO_2	590	—	—	0.1	Yes	[198]
TiO_2/WO_3	290	50	13.5	—	—	[211]
TiO_2	400	200	21.56	0.5	—	[176]
Ag@CuO-TiO_2	200	100	6.2	1	—	[212]
TiO_2	400	100	21.8	1	—	[209]
TiO_2/SiC	450	100	19.2	1	—	[67]
GO-SnO_2-TiO_2	200	5	59.7	0.25	Yes	[46]
TiO_2	320	100	8.56	—	—	[69]
MnOx/TiO_2	260/290	500	—	—	—	[213]
TiO_2NT/GO	250	10	4.091	0.3	Yes	[214]
TiO_2	370	500	25.97	—	—	[215]
TiO_2	270	1000	15.24	0.5	—	[216]
TiO_2	170	100	70	0.03	Yes	—

（4）纳米立方体 TiO₂ 传感器对丙酮气体的响应重现性。由 Ti-600 气体传感器在最佳工作温度 170 ℃对 100 ppm 丙酮气体的 10 次响应和恢复曲线图可以看出传感器的响应灵敏度没有发生明显的改变，且均可恢复到初始电阻，由此可以证明传感器对丙酮气体的检测具有良好的重现性（见图 6-22）。

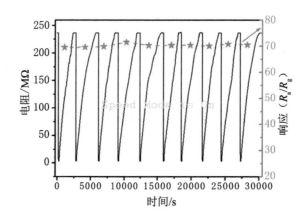

图 6-22　Ti-600 样品对 100 ppm 丙酮气体的重现性

（5）抗湿性和长期稳定性。由传感器在 170 ℃下对丙酮气体的抗湿性和长期稳定性测试结果可知，空气中的相对湿度是影响传感器气敏性能的重要因素（见图 6-23）。笔者通过不同的饱和盐溶液配制不同相对湿度，如 KNO_3（94% RH）、KCl（85% RH）、NaCl（75% RH）、$CuCl_2$（67% RH）、$Mg(NO_3)_2$（54% RH）、K_2CO_3（43% RH）、$MgCl_2$（33% RH）、CH_3COOK（23% RH）和 LiCl（11% RH）），测量 Ti-600 对不同湿度的响应（见图 6-23 上方）。可以看出，传感器对不同相对湿度（11% ～ 94%）的灵敏度均小于 2，相比于对丙酮的响应，不同环境湿度条件的变化对传感器检测几乎没有影响，由此表明传感器在最佳工作温度 170 ℃具有良好的抗湿性。30 d 后传感器对 100 ppm 的丙酮气体的响应没有明显变化（见图 6-23 下方），灵敏度只有微小的下降，其变化率为 2.14%，表明传感器具有良好的长期稳定性，对丙酮气体具有相对可靠的检测能力。

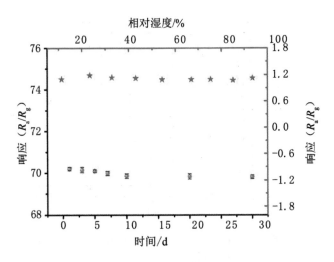

图 6-23　抗湿性（上方）和长期稳定性（下方）

（6）纳米立方体 TiO₂ 气体传感器对糖尿病患者模拟检测。糖尿病患者体内胰岛素不足会引起糖代谢紊乱，因此细胞会优先代谢体内的脂肪，造成患者体重的急剧下降。脂肪在肝脏分解时会产生丙酮并随呼出的气体排出体外，因此健康人体呼气中的丙酮浓度较低（小于 1.8 ppm），糖尿病患者呼出的气体中丙酮含量则明显比健康人群高，甚至高达12 ppm。因此，笔者利用 Ti-600 传感器对健康人体呼出气中所含的1.8 ppm 丙酮气体阈值进行气敏性能测试，可以检测其是否可用于糖尿病患者测试。Ti-600 样品对 1.8 ppm 丙酮气体的重现性（见图 6-24），由图可以看出，传感器对 1.8 ppm 丙酮气体的灵敏度为 3.76，且具有良好的重现性。

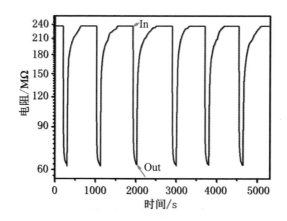

图 6-24　Ti-600 样品对 1.8 ppm 丙酮气体的重现性

　　由于人体呼出气中成分较多，因此，笔者对低浓度气体进行抗干扰选择性测试。由 1.8 ppm 丙酮气体与 1.8 ppm 多种气体（O_2、CO_2、NH_3、H_2S、C_7H_8、N_2 和 C_2H_6O）混合响应图可以看出，传感器对 1.8 ppm 丙酮气体具有良好的气体选择性，可以明显排除其他气体的干扰（见图 6-25）。

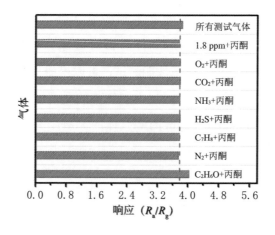

图 6-25　Ti-600 样品在最佳工作温度 170 ℃ 对 1.8 ppm 混合气体的选择性

　　由于人体呼出气具有一定湿度，因此，笔者在不同湿度环境下对

1.8 ppm 丙酮气体也进行检测，由结果可知，在湿度低于 60% RH 的条件下，传感器对丙酮气体的响应灵敏度并没有明显的变化，当湿度升高，传感器的灵敏度略有升高（见图 6-26）。由此可以看出，由于传感器的工作温度较低，在高湿度环境下检测低浓度的丙酮气体，会使响应灵敏度略有提升，但不影响正常检测。

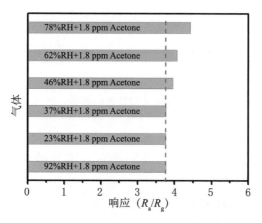

图 6-26　在最佳工作温度 170 ℃ 不同湿度条件下，
Ti-600 样品对 1.8 ppm 丙酮气体的响应

为了探究传感器对糖尿病实际应用的检测，笔者分别收集健康人和糖尿病患者在不同时间段的呼出气进行检测。经过测定发现，糖尿病患者晨起空腹时呼出气的灵敏度约为 3.04，并且对饭前与饭后不同时间段的呼出气测试发现，随着饭后血糖含量增加，呼出气中丙酮含量增多，灵敏度增大，但是对健康人的呼出气则无响应（见图 6-27）。因此可以得出结论，共暴露（001）和（101）晶面 TiO₂ 纳米立方体传感器在早期糖尿病检测、诊断方面具有潜在的应用价值。

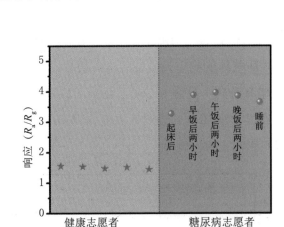

图 6-27　传感器对健康人和糖尿病患者呼出气的响应值

6.2.4　纳米立方体 TiO_2 气体传感器对丙酮气敏机理

接下来笔者详细探究共暴露（001）和（101）晶面 TiO_2 纳米立方体传感器对丙酮气体的气敏机理。目前的研究表明，材料本身电阻的变化是产生气敏性能的根本原因，而电阻的变化主要源于空气或待测气体在材料表面的吸附和脱附过程。在不同的工作温度下，空气中的氧气分子与材料吸附后会以不同形式的氧存在，即当工作温度为 150～400 ℃时，表面吸附氧类型主要为 O⁻。此外，由于活性（001）晶面中含有更多的 Ti5c 原子且表面能要比其他晶面低，高能活性晶面的暴露可以为反应提供更多的活性位点，因此丙酮分子更容易吸附在（001）晶面上[209]。不仅如此，缩小纳米材料的粒径也有利于晶面的暴露，从而有利于提高气敏性能。当传感器与待测气体（丙酮）接触后，Ti-600 材料的表面吸附氧与还原性气体丙酮发生氧化还原反应，电子重新回到材料导带中，从而使 TiO_2 材料的电子浓度增加，电阻减小，产生增强的响应信号，这进一步表明活性晶面暴露有利于气敏性能的改善，有利于实现更快响应和更高灵敏度。笔者结合响应示意图看可以推断出丙酮气体与暴露（001）

晶面 TiO₂ 表面的气敏响应过程方程式（见图 6-28）。其方程式如下：

$$O_{2gas} \longrightarrow O_{2ads} \tag{6-1}$$

$$O_{2ads} + e^- \longrightarrow O_{2\ ads}^- \tag{6-2}$$

$$O_{2\ ads}^- + e^- \longrightarrow 2O_{ads}^- \tag{6-3}$$

$$CH_3COCH_3 + 8O_{ads}^- \longrightarrow 3H_2O + 3CO_2 + 8\ e^- \tag{6-4}$$

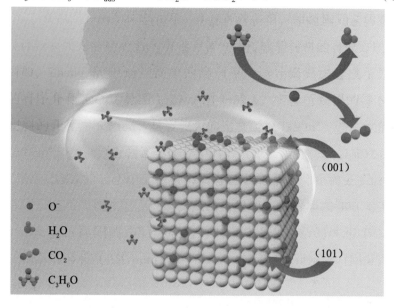

图 6-28　纳米立方体 TiO₂ 气体传感器的丙酮传感机制示意图

6.3　本章小结

笔者通过离子液体 1- 丁基 -3- 甲基咪唑四氟硼酸盐（[Bmim][BF₄]）辅助一步水热法，成功合成了粒径小于 50 nm 的 TiO₂ 纳米立方体材料。

进一步的扫描电子显微镜和透射电子显微镜表征发现纳米立方体为（001）和（101）晶面共暴露结构。活性晶面的暴露使其对丙酮气体具有良好的气敏性能，在相对较低的工作温度下（170 ℃），由该材料制得的传感器对 100 ppm 的丙酮气体响应时间仅为 2.2 s，灵敏度为 70。

超快的响应和较高的灵敏度主要是因为活性晶面的暴露，使材料表面的活性位点增加。小的晶粒尺寸和特定的活性晶面暴露为 TiO_2 纳米立方体传感器性能提升起了关键的作用。

笔者将气体传感器应用到糖尿病患者呼出气的实际应用检测中，可以为开发实时超快检测糖尿病病情的气体传感器产品提供借鉴。

7　结论

本书基于对 TiO_2 纳米材料的表界面调控成功合成了 $C-TiO_2$ 纳米粒子、$Ti_2O(PO_4)_2$ 复合的 TiO_2 纳米片、富含氧空位的 TiO_2 球、（001）和（101）面共暴露的 TiO_2 纳米立方体并系统的研究了 TiO_2 纳米结构材料对 VOCs 气体的气敏性能和气敏机理。本书得到的主要结论如下。

笔者通过简单的一步水热法合成了锐钛矿相的 $C-TiO_2$ 纳米粒子，然后在不同的气氛下进行了烧结，烧结后得到的 $C-TiO_2$ 纳米粒子对不同碳链长度的醇类气体表现出不同的气体敏感性能。基于 $C-TiO_2$ 纳米粒子的传感器在 170 ℃时对正戊醇气体有较高的响应值（100 ppm，S=11.12），且具有良好的重现性、抗湿性和良好的线性关系（0.5 ~ 1000 ppm）。笔者通过理论计算和实验研究相结合的方式研究了气敏机理。理论计算表明，$C-TiO_2$ 通过与气体发生吸附形成 O-Ti 键，然后笔者通过 X 射线光电子能谱进一步发现醇类气体与材料的表面吸附氧发生反应。气相色谱法、气相色谱-质谱法被用来探究醇类气体与 $C-TiO_2$ 接触后的氧化过程，证实了中间产物是醛，最终的氧化产物为二氧化碳和水。这一结果为开发醇类气体传感器提供了理论和实践基础。

在离子液体 1- 十二烷基 -3- 甲基咪唑六氟磷酸盐（$[C_{12}mim][PF_6]$）的辅助下，笔者通过简单的一步水热法和高温烧结合成了 $Ti_2O(PO_4)_2$ 复合的二维 TiO_2 纳米片结构材料并详细研究了其结构特征和对三甲胺气体的气敏性能。测试结果表明，离子液体的添加量和烧结温度对甲胺气体气敏性能有重要影响。增加 TiO_2 材料表面 PO_4^{3-} 的含量可以提高材料的表面吸附氧含量。$TiO_2/Ti_2O(PO_4)_2$ 传感器可在较低的工作温度下（170 ℃）对甲胺气体进行实时检测。此外，它还对甲胺有很好的选择性、较快的响应速度、较广的线性浓度范围（0.2 ~ 500 ppm），并且检测下限为 0.2 ppm。该研究为使用离子液体作为模板和阴离子掺杂剂提供了一个很好的范例，也为检测甲胺气体提出了一个新思路。

笔者使用离子液体 1- 十六烷基 -3- 甲基咪唑溴盐（$[C_{16}mim][Br]$）

作为形貌调节剂，成功合成了具有氧空位的 TiO_2 气体传感器并将其应用于异丙胺气体的检测。笔者通过电子顺磁共振证明了产品中氧空位的存在。气敏测试结果表明，氧空位的存在使传感器对异丙胺气体表现出优异的选择性、抗湿性、长期稳定性和宽线性范围（0.2 ～ 100 ppm），最低检测限小于 1 ppm，对 100 ppm 气体的响应时间仅 22 s。这是较早用于异丙胺气体检测的电阻式气体传感器。此外，该气体传感器可以对除草剂残留物进行检测，为今后除草剂残留物的检测提供了参考。

笔者通过简单的一步水热法，在离子液体 1- 丁基 -3- 甲基咪唑四氟硼酸盐（[Bmim][BF_4]）的辅助下，成功合成了粒径小于 50 nm 的 TiO_2 纳米立方体。笔者通过进一步的扫描电子显微镜和透射电子显微镜表征发现，实验合成的纳米立方体是（001）和（101）面共暴露的结构。（001）和（101）面共暴露的 TiO_2 气体传感器在相对较低的工作温度（170 ℃）下，对 100 ppm 丙酮气体的响应时间仅为 2.2 s，响应灵敏度为 70。超快的响应和高响应灵敏度主要归因于纳米立方体小的晶粒尺寸和活性晶面的暴露。此外，笔者将气体传感器应用于糖尿病患者和健康人群呼出气的实际检测，可为糖尿病的超快速检测提供有效方法。

参考文献

[1] LI B, SAUVE G, IOVU M C, et al. Volatile organic compound detection using nanostructured copolymers [J]. Nano letters, 2006, 6 (8): 1598-1602.

[2] ZAMPOLLI S, BETTI P, ELMI I, et al. A supramolecular approach to sub-ppb aromatic VOC detection in air [J]. Chemical communications, 2007, 2007 (27): 2790-2792.

[3] KIDA T, DOI T, SHIMANOE K. Synthesis of monodispersed SnO_2 nanocrystals and their remarkably high sensitivity to volatile organic compounds [J]. Chemistry of Materials: A Publication of the American Chemistry Society, 2010, 22 (8): 2662-2667.

[4] SUN G J, KHEEL H, PARK S, et al. Synthesis of TiO_2 nanorods decorated with NiO nanopartieles and their acetone sensing properties [J]. Ceramics International, 2016, 42 (1): 1063-1069.

[5] SHEN S K, ZHANG X F, CHENG X L, et al. Oxygen-vacancy-enriched porous α-MoO_3 nanosheets for trimethylamine sensing [J]. ACS Applied Nano Materials, 2019, 2 (12): 8016-8026.

[6] PAN H, JIN L, ZHANG B B, et al. Self-assembly biomimetic fern leaf-like alpha-Fe_2O_3 for sensing inflammable 1-butanol gas [J]. Sensors and Actuators B: Chemical, 2017, 243: 29-35.

[7] ZHAO R J, LI K J, WANG Z Z, et al. Gas-sensing performances of Cd-doped ZnO nanoparticles synthesized by a surfactant-mediated method for n-butanol

gas [J] . The journal of physics and chemistry of solids, 2018, 112: 43-49.

[8] YU P, WANG H, XIAO D Q, et al. Electrical characterization of TiO_2-based ceramics for VOCs [J] . Journal of Electroceramics, 2008, 21: 405-409.

[9] LI X G, LI X X, WANG J, et al. Highly sensitive and selective room-temperature formaldehyde sensors using hollow TiO_2 microspheres [J] . Sensors and Actuators B: Chemical, 2015, 219: 158-163.

[10] LAI X Y, CAO K, SHEN G X, et al. Ordered mesoporous $NiFe_2O_4$ with ultrathin framework for low-ppb toluene sensing [J] . Science Bulletin, 2018, 63 (3): 187-193.

[11] JING Z H, ZHAN J H. Fabrication and gas-sensing properties of porous ZnO nanoplates [J] . Advanced Materials, 2008, 20 (23): 4547-4551.

[12] REN G J, LI Z M, YANG W T, et al. ZnO@ZIF-8 core-shell microspheres for improved ethanol gas sensing [J] . Sensors and Actuators B: Chemical, 2019, 284: 421-427.

[13] CHO Y H, LIANG X S, KANG Y C, et al. Ultrasensitive detection of trimethylamine using Rh-doped SnO_2 hollow spheres prepared by ultrasonic spray pyrolysis [J] . Sensors and Actuators B: Chemical, 2015, 207: 330-337.

[14] BHOWMIK B, DUTTA K, HAZRA A, et al. Low temperature acetone detection by p-type nano-titania thin film: Equivalent circuit model and sensing mechanism [J] . Solid State Electronics, 2014, 99: 84-92.

[15] PANDEESWARI R, KARN R K, JEYAPRAKASH B G. Ethanol sensing behaviour of sol-gel dip-coated TiO_2 thin films [J] . Sensors and Actuators B: Chemical, 2014, 194: 470-477.

[16] THU N T A, CUONG N D, NGUYEN L C, et al. Fe_2O_3 nanoporous network fabricated from Fe_3O_4/reduced graphene oxide for high-performance ethanol gas sensor [J] . Sensors and Actuators, B.

Chemical，2018，255（Pt.3）：3275-3283.

[17] HUO L H，LI Q，ZHAO H，et al. Sol-gel route to pseudocubic shaped alpha-Fe$_2$O$_3$ alcohol sensor：preparation and characterization［J］. Sensors and Actuators，B. Chemical，2005，107（2）：915-920.

[18] YANG X J，SALLES V，KANETI Y V，et al. Fabrication of highly sensitive gas sensor based on Au functionalized WO$_3$ composite nanofibers by electrospinning［J］. Sensors and Actuators，B. Chemical，2015，220：1112-1119.

[19] SRINIVASAN P，RAYAPPAN J B B. Growth of alpha-MoO$_3$ golf ball architectures with interlocking loops for selective probing of trimethylamine at room temperature［J］. Materials Research Bulletin，2020，130：110944.

[20] 隋丽丽，徐英明，程晓丽，等. 花球状多级结构 α-MoO$_3$ 纳米材料的构筑及其三甲胺气敏性能[J].黑龙江大学自然科学学报,2015,32(3):366-370.

[21] MA Z R，SONG P，YANG Z X，et al. Trimethylamine detection of 3D rGO/mesoporous In$_2$O$_3$ nanocomposites at room temperature［J］. Applied Surface Science：A Journal Devoted to the Properties of Interfaces in Relation to the Synthesis and Behaviour of Materials，2019，465（28）：625-634.

[22] ZHANG W H，ZHANG W C，CHEN B，et al. Controllable biomolecule-assisted synthesis and gas sensing properties of In$_2$O$_3$ micro/nanostructures with double phases［J］. Sensors and Actuators B：Chemical，2017，239：270-278.

[23] TAO Z H，LI Y W，ZHANG B，et al. Synthesis of urchin-like In$_2$O$_3$ hollow spheres for selective and quantitative detection of formaldehyde[J]. Sensors and Actuators，B. Chemical，2019，298：126889.

[24] 刘立红，孙晶，历亳，等. Co$_3$O$_4$ 空心纳米球的制备及其 H$_2$S 气敏性能

研究［J］. 黑龙江大学自然科学学报，2021，38（1）：50-60.

[25] MNETHU O, NKOSI S S, KORTIDIS I, et al. Ultra-sensitive and selective p-xylene gas sensor at low operating temperature utilizing Zn doped CuO nanoplatelets：Insignificant vestiges of oxygen vacancies［J］. Journal of Colloid and Interface Science，2020，576：364-375.

[26] LIU B, WANG L, MA Y, et al. Enhanced gas-sensing properties and sensing mechanism of the foam structures assembled from NiO nanoflakes with exposed {111} facets［J］. Applied Surface Science，2019，470：596-606.

[27] XIE F Y, WANG J J, LI YF, et al. One-step synthesis of hierarchical SnO_2/TiO_2 composite hollow microspheres as an efficient scattering layer for dye-sensitized solar cells［J］. Electrochimica Acta，2019，296：142-148.

[28] SANSOTERA M, KHEYLI S G M, BAGGIOLI A, et al. Absorption and photocatalytic degradation of VOCs by perfluorinated ionomeric coating with TiO_2 nanopowders for air purification［J］. Chemical Engineering Journal，2019，361：885-896.

[29] WANG Z Y, ZHANG F, XING H X, et al. Fabrication of nest-like TiO_2 hollow microspheres and its application for lithium ion batteries with high-rate performance［J］. Electrochimica Acta，2017，243：112-118.

[30] ZHENG Y J, LIU B J, CAO P, et al. Fabrication of flower-like mesoporous TiO_2 hierarchical spheres with ordered stratified structure as an anode for lithium-ion batteries［J］. Journal of Materials Science & Technology，2019，35（4）：667-673.

[31] PHAM V H, NGUYEN-PHAN T D, TONG X, et al. Hydrogenated TiO_2@reduced graphene oxide sandwich-like nanosheets for high voltage supercapacitor applications［J］. Carbon：An International Journal Sponsored by the American Carbon Society，2018，126：135-144.

[32] SEO M H, YUASA M, KIDA T, et al. Microstructure control of TiO$_2$ nanotubular films for improved VOC sensing[J]. Sensors and Actuators, B. Chemical, 2011, 154（2）: 251-256.

[33] ZENG W, LIU T M, WANG Z C. Impact of Nb doping on gas-sensing performance of TiO$_2$ thick-film sensors [J]. Sensors and Actuators, B. Chemical, 2012, 166: 141-149.

[34] XU C, TAMAKI J, MIURA N, et al. Grain size effects on gas sensitivity of porous SnO$_2$-based elements [J]. Sensors and Actuators B. Chemical, 1991, 3（2）: 147-155.

[35] SAJAN C P, WAGEH S, AL-GHAMDI AHMED A, et al. TiO$_2$ nanosheets with exposed {001} facets for photocatalytic applications [J]. Nano Research, 2016, 9（1）: 3-27.

[36] YANG H Y, CHENG X L, ZHANG X F, et al. A novel sensor for fast detection of triethylamine based on rutile TiO$_2$ nanorod arrays [J]. Sensors and Actuators, B. Chemical, 2014, 205: 322-328.

[37] CAO X R, TIAN G H, CHEN Y J, et al. Hierarchical composites of TiO$_2$ nanowire arrays on reduced graphene oxide nanosheets with enhanced photocatalytic hydrogen evolution performance [J]. Journal of Materials Chemistry A, 2014, 2（12）: 4366-4374.

[38] LI W, WANG F, LIU Y P, et al. General strategy to synthesize uniform mesoporous TiO$_2$/graphene/mesoporous TiO$_2$ sandwich-like nanosheets for highly reversible lithium storage [J]. Nano Letters, 2015, 15（3）: 2186-2193.

[39] ZHANG Q, HE H N, HUANG X B, et al. TiO$_2$@C nanosheets with highly exposed （001） facets as a high-capacity anode for Na-ion batteries [J]. Chemical engineering journal, 2018, 332: 57-65.

[40] NI J F, FU S D, WU C, et al. Self-supported nanotube arrays of sulfur-doped TiO$_2$ enabling ultrastable and robust sodium storage [J]. Advanced

Materials，2016，28（11）：2259-2265.

[41] ZHAO Z H，TIAN J，SANG Y H，et al. Structure，synthesis，and applications of TiO$_2$ nanobelts［J］. Advanced Materials，2015，27（16）：2557-2582.

[42] BAYAT A，SAIEVAR-IRANIZAD E. Graphene quantum dots decorated rutile TiO$_2$ nanoflowers for water splitting application［J］. Journal of Energy Chemistry，2018，27（1）：306-310.

[43] WANG M Y，ZHU Y Y，MENG D，et al. A novel room temperature ethanol gas sensor based on 3D hierarchical flower-like TiO$_2$ microstructures［J］. Materials Letters，2020，277（15）：128372.1-128372.4.

[44] LI X L，SUN Z G，BAO Y W，et al. Comprehensively improved hydrogen sensing performance via constructing the facets homojunction in rutile TiO$_2$ hierarchical structure［J］. Sensors and Actuators，B. Chemical，2022，350：130869.

[45] TSHABALALA Z P，MOKOENA T P，JOZELA M，et al. TiO$_2$ nanowires for humidity-stable gas sensors for toluene and xylene［J］. ACS Applied Nano Materials，2021，4（1），702-716.

[46] KALIDOSS R，UMAPATHY S，SIVALINGAM Y. An investigation of GO-SnO$_2$-TiO$_2$ ternary nanocomposite for the detection of acetone in diabetes mellitus patient's breath［J］. Applied Surface Science，2018，449（15）：677-684.

[47] TOMER V K，DUHAN S. Ordered mesoporous Ag-doped TiO$_2$/SnO$_2$ nanocomposite based highly sensitive and selective VOC sensors［J］. Journal of Materials Chemistry A，2016，4（3）：1033-1043.

[48] SENNIK E，SOYSAL U，OZTURK Z Z. Pd loaded spider-web TiO$_2$ nanowires：Fabrication，characterization and gas sensing properties［J］. Sensors and Actuators，B. Chemical，2014，199：424-432.

[49] ZHANG Y Q，LI D，QIN L G，et al. Preparation of Au-loaded TiO$_2$

pecan-kernel-like and its enhanced toluene sensing performance [J].
Sensors and Actuators, B. Chemical, 2018, 255 (Pt.2): 2240-2247.

[50] WANG Z, HAIDRY A A, XIE L J, et al. Acetone sensing applications of Ag modified TiO_2 porous nanoparticles synthesized via facile hydrothermal method [J]. Applied Surface Science, 2020, 533 (15): 147383.1-147383.8.

[51] ZENG W, LIU T M, LIU D J, et al. Hydrothermal synthesis and volatile organic compounds sensing properties of La–TiO_2 nanobelts[J]. Physica E: Low-dimensional Systems and Nanostructures, 2011, 44 (1): 37-42.

[52] LIU J, LIU Q, FANG P F, et al. First principles study of the adsorption of a NO molecule on N-doped anatase nanoparticles [J]. Applied Surface Science, 2012, 258 (20): 8312-8318.

[53] LIU J, DONG L M, GUO W L, et al. CO adsorption and oxidation on NDoped TiO_2 nanoparticles [J]. Journal of Physical Chemistry C, 2013, 117 (25): 13037-13044.

[54] ABBAS IA, SARDROODI J J. Adsorption and dissociation of SO_3 on N-doped TiO_2 supported Au overlayers investigated by van der Waals corrected DFT [J]. Surface Science, 2017, 663: 35-46.

[55] ABBASI A, SARDROODI J J. Modified N-doped TiO_2 anatase nanoparticle as an ideal O_3 gas sensor: Insights from density functional theory calculations [J]. Computational and Theoretical Chemistry, 2016, 1095: 15-28.

[56] ZHANG Y, YANG Q G, YANG X Y, et al. One-step synthesis of in-situ N-doped ordered mesoporous titania for enhanced gas sensing performance[J]. Microporous and Mesoporous Materials, 2018, 270: 75-81.

[57] YAN W Y, ZHOU Q, CHEN X, et al. C-doped and N-doped reduced graphene oxide/TiO_2 composites with exposed (001) and (101) facets controllably synthesized by a hydrothermal route and their gas sensing

characteristics [J]. Sensors and Actuators, B. Chemical, 2016, 230: 761-772.

[58] WANG T T, CHENG L. Hollow hierarchical TiO₂-SnO₂-TiO₂ composite nanofibers with increased active-sites and charge transfer for enhanced acetone sensing performance [J]. Sensors and Actuators, B. Chemical, 2021, 334: 129644.

[59] ZHAO P X, TANG Y, MAO J, et al. One-Dimensional MoS₂-Decorated TiO₂ nanotube gas sensors for efficient alcohol sensing [J]. Journal of Alloys and Compounds, 2016, 674: 252-258.

[60] DENG J N, WANG L L, LOU Z, et al. Design of CuO-TiO₂ heterostructure nanofibers and their sensing performance [J]. Journal of Materials Chemistry, A. Materials for energy and sustainability, 2014, 2 (24): 9030-9034.

[61] ZHANG J J, TANG P G, LIU T Y, et al. Facile synthesis of mesoporous hierarchical Co₃O₄-TiO₂ p-n heterojunctions with greatly enhanced gas sensing performance [J]. Journal of Materials Chemistry, A. Materials for energy and sustainability, 2017, 5 (21): 10387-10397.

[62] LI G, ZHANG X, LU H, et al. Ethanol sensing properties and reduced sensor resistance using porous Nb₂O₅-TiO₂ n-n junction nanofibers [J]. Sensors and Actuators, B. Chemical, 2019, 283: 602-612.

[63] WANG X H, SANG Y H, WANG D Z, et al. Enhanced gas sensing property of SnO₂ nanoparticles by constructing the SnO₂-TiO₂ nanobelt heterostructure [J]. Journal of Alloys and Compounds, 2015, 639: 571-576.

[64] WANG B, DENG L, SUN L, et al. Growth of TiO₂ nanostructures exposed {001} and {110} facets on SiC ultrafine fibers for enhanced gas sensing performance [J]. Sensors and Actuators, B. Chemical, 2018, 276: 57-64.

[65] WANG Y S, WANG S R, ZHANG H X, et al. Brookite TiO_2 decorated α -Fe_2O_3 nanoheterostructures with rod morphologies for gas sensor application [J]. Journal of Materials Chemistry, A. Materials for energy and sustainability, 2014（21）: 7935–7943.

[66] KUANG Q, WANG X, JIANG Z Y, et al. High-energy-surface engineered metal oxide micro- and nanocrystallites and their applications [J].Accounts of Chemical Research, 2014, 47（2）: 308–318.

[67] GURLO A. Nanosensors: towards morphological control of gas sensing activity. SnO_2, In_2O_3, ZnO and WO_3 case studies [J]. Nanoscale, 2011, 3（1）: 154–165.

[68] LIU C, LU H B, ZHANG J N, et al. Abnormal p-type sensing response of TiO_2 nanosheets with exposed {001} facets [J]. Journal of Alloys and Compounds, 2017, 705: 112–117.

[69] YANG Y, LIANG Y, HU R J, et al. Anatase TiO_2 hierarchical microspheres with selectively etched high-energy {001} crystal facets for high-performance acetone sensing and methyl orange degradation [J]. Materials Research Bulletin, 2017, 94: 272–278.

[70] YANG Y, HU J X, LIANG Y, et al. Anatase TiO_2 hierarchical microspheres consisting of truncated nanothorns and their structurally enhanced gas sensing performance [J]. Journal of Alloys and Compounds, 2017, 694: 292–299.

[71] ZHANG Y X, ZENG W, YE H, et al. Enhanced carbon monoxide sensing properties of TiO_2 with exposed （001） facet: A combined first-principle and experimental study [J]. Applied Surface Science, 2018, 442（1）: 507–516.

[72] LIU C, LU H B, ZHANG J N, et al. Crystal facet-dependent p-type and n-type sensing responses of TiO_2 nanocrystals[J]. Sensors and Actuators,B. Chemical, 2018, 263: 557–567.

[73] LIANG Y, YANG Y, ZHOU H, et al. A systematic study on the crystal facets-dependent gas sensing properties of anatase TiO_2 with designed {010}, {101} and {001} facets[J]. Ceramics International, 2019, 45(5): 6282-6290.

[74] BARSAN N, WEIMAR U. Conduction model of metal oxide gas sensors [J]. Journal of electroceramics, 2001, 7（3）: 143-167.

[75] KIM H J, LEE J H. Highly sensitive and selective gas sensors using p-type oxide semiconductors: overview [J]. Sensors and Actuators, B. Chemical, 2014, 192: 607-627.

[76] CHAUGULE A A, MANE V S, BANDAL H A, et al. Ionic liquid-derived Co_3O_4-N/S-doped carbon catalysts for the enhanced water oxidation [J]. ACS Sustainable Chemistry & Engineering, 2019, 7（17）: 14889-14898.

[77] ZHANG C Y, XIN B W, XI Z C, et al. Phosphonium-based ionic liquid: a new phosphorus source toward microwave-driven synthesis of nickel phosphide for efficient hydrogen evolution reaction [J]. ACS Sustainable Chemistry & Engineering, 2018, 6（1）: 1468-1477.

[78] SUN L, YAO Y, ZHOU Y M, et al. Solvent-free synthesis of N/S-codoped hierarchically porous carbon materials from protic ionic liquids for temperature-resistant, flexible supercapacitors [J]. ACS Sustainable Chemistry & Engineering, 2018, 6（10）: 13494-13503.

[79] WANG P, SUI L L, YU H X, et al. Monodispersed hollow α-Fe_2O_3 ellipsoids via ［$C_{12}mim$］［PF_6］-assistant synthesis and their excellent n-butanol gas-sensing properties [J]. Sensors and Actuators: B. Chemical, 2021, 326: 128796.

[80] LI N, CHAI Y M, LI Y P, et al. Ionic liquid assisted hydrothermal synthesis of hollow vesicle-like MoS_2 microspheres [J]. Materials Letters, 2012, 66（1）: 236-238.

[81] JIANG A N, WANG Z G, LI Q, et al. Ionic liquid-assisted synthesis

of hierarchical one-dimensional MoP/NPC for high-performance supercapacitor and electrocatalysis [J]. ACS Sustainable Chemistry & Engineering, 2020, 8（16）: 6343-6351.

[82] WANG P, ZHANG X F, GAO S, et al. Superior acetone sensor based on single-crystalline alpha-Fe_2O_3 mesoporous nanospheres via ［$C_{(12)}$mim］［BF_4］-assistant synthesis [J]. Sensors and Actuators, B. Chemical, 2017, 241: 967-977.

[83] 王平, 徐英明, 程晓丽, 等. 离子液体辅助合成 α-Fe_2O_3 纳米立方体及其低温气敏性能研究 [J]. 黑龙江大学自然科学学报, 2014, 31（6）: 778-783.

[84] WANG P, ZHENG Z K, CHENG X L, et al. Ionic liquid-assisted synthesis of alpha-Fe_2O_3 mesoporous nanorod arrays and their excellent trimethylamine gas-sensing properties for monitoring fish freshness [J]. Journal of Materials Chemistry A, 2017, 5（37）: 19846-19856.

[85] GAO R, GAO S, WANG P, et al. Ionic liquid assisted synthesis of snowflake ZnO for detection of NO_x and sensing mechanism [J]. Sensors and Actuators, B. Chemical, 2020, 303: 127085.

[86] HOU C X, WANG J, DU W, et al. One-pot synthesized molybdenum dioxide-molybdenum carbide heterostructures coupled with 3d holey carbon nanosheets for highly efficient and ultrastable cycling lithium-ion storage [J]. Journal of Materials Chemistry A, 2019, 7（22）: 13460-13472.

[87] LE K, WANG Z, WANG F L, et al. Sandwich-like NiCo layered double hydroxide/reduced graphene oxide nanocomposite cathodes for high energy density asymmetric supercapacitors [J]. Dalton Transactions, 2019, 48（16）: 5193-5202.

[88] CAO B B, LIU H R, YANG L K, et al. Interfacial engineering for high-efficiency nanorod array structured perovskite solar cells [J]. ACS Applied Materials & Interfaces, 2019, 11（37）: 33770-33780.

[89] ZHENG G W，WANG J S，LIU H，et al. Tungsten oxide nanostructures and nanocomposites for photoelectrochemical water splitting [J]. Nanoscale，2019，11（41）：18968-18994.

[90] SUN H Y，YANG Z Q，PU Y N，et al. Zinc oxide/vanadium pentoxide heterostructures with enhanced day-night antibacterial activities [J]. Journal of Colloid and Interface Science，2019，547：40-49.

[91] LIN B，LIN Z P，CHEN S G，et al. Surface intercalated spherical $MoS_{2x}Se_{2（1-x）}$ nanocatalysts for highly efficient and durable hydrogen evolution reactions [J]. Dalton Transactions，2019，48（23）：8279-8287.

[92] MOKOENA T P，TSHABALALA Z P，HILLIE K T，et al. The blue luminescence of p-type NiO nanostructured material induced by defects：H_2S gas sensing characteristics at a relatively low operating temperature[J]. Applied Surface Science，2020，525：146002.

[93] AHN M W，PARK K S，HEO J H，et al. Gas sensing properties of defect-controlled ZnO-nanowire gas sensor [J]. Applied physics letters，2008，93（26）：263103-1-263103-3-0.

[94] LIU L Y，LIU S T. Oxygen vacancies as an efficient strategy for promotion of low concentration SO_2 gas sensing：the case of Au-modified SnO_2 [J]. ACS Sustainable Chemistry & Engineering，2018，6（10）：13427-13434.

[95] DRMOSH Q A，YAMANI Z H，HOSSAIN M K. Hydrogen gas sensing performance of low partial oxygen-mediated nanostructured zinc oxide thin film [J]. Sensors and Actuators B：Chemical，2017，248：868-877.

[96] ZHANG C，GENG X，LIAO H L，et al. Room-temperature nitrogen-dioxide sensors based on ZnO_{1-x} coatings deposited by solution precursor plasma spray [J]. Sensors and Actuators B：Chemical，2017，242：102-111.

[97] ZHANG C，GENG X，LI J，et al. Role of oxygen vacancy in tuning of optical，electrical and NO_2 sensing properties of ZnO_{1-x} coatings at room temperature ［J］. Sensors and Actuators B：Chemical，2017，248：886-893.

[98] LIU W T，WU B H，LAI Y T，et al. Enhancement of water splitting by controlling the amount of vacancies with varying vacuum level in the synthesis system of SnO_{2-x}/In_2O_{3-y} heterostructure as photocatalyst ［J］. Nano Energy，2018，47：18-25.

[99] WANG S M，CAO J，CUI W，et al. Oxygen vacancies and grain boundaries potential barriers modulation facilitated formaldehyde gas sensing performances for In_2O_3 hierarchical architectures ［J］. Sensors and Actuators B：Chemical，2018，255（Pt.1）：159-165.

[100] GAN J Y，LU X H，WU J H，et al. Oxygen vacancies promoting photoelectrochemical performance of In_2O_3 nanocubes ［J］. Scientific Reports，2013，3：1021.

[101] WU J J，HUANG Q W，ZENG D W，et al. Al-doping induced formation of oxygen-vacancy for enhancing gas-sensing properties of SnO_2 NTs by electrospinning ［J］. Sensors and Actuators B：Chemical，2014，198：62-69.

[102] WANG J，SU J，CHEN H，et al，Oxygen vacancy-rich，Ru-doped In_2O_3 ultrathin nanosheets for efficient detection of xylene at low temperature ［J］. Journal of Materials Chemistry C，2018，6（15）：4156-4162.

[103] XU Y S，ZHENG L L，YANG C，et al. Oxygen vacancies enabled porous SnO_2 thin films for highly sensitive detection of triethylamine at room temperature ［J］. ACS applied materials & interfaces，2020，12（18）：20704-20713.

[104] DU W J，SI W X，WANG F L，et al. Creating oxygen vacancies on

porous indium oxide nanospheres via metallic aluminum reduction for enhanced nitrogen dioxide detection at low temperature [J]. Sensors and Actuators B: Chemical, 2020, 303: 127221-1-127221-11.

[105] LI L, LIU M M, HE S J, et al. Freestanding 3D mesoporous Co_3O_4@ Carbon foam nanostructures for ethanol gas sensing [J]. Analytical Chemistry, 2014, 86（15）: 7996-8002.

[106] WANG Z H, HOU C L, DE Q M, et al. One-step synthesis of co-doped In_2O_3 nanorods for high response of formaldehyde sensor at low temperature [J]. ACS Sensors, 2018, 3（2）: 468-475.

[107] WANG H, QU Y, CHEN H, et al. Highly selective n-butanol gas sensor based on mesoporous SnO_2 prepared with hydrothermal treatment [J]. Sensors and Actuators B: Chemical, 2014, 201: 153-159.

[108] ZHU L, LI Y Q, ZENG W. Hydrothermal synthesis of hierarchical flower-like ZnO nanostructure and its enhanced ethanol gas-sensing properties [J]. Applied Surface Science, 2018, 427: 281-287.

[109] LIU X H, ZHANG J, GUO X Z, et al. Enhanced sensor response of Ni doped SnO_2 hollow spheres [J]. Sensors and Actuators B: Chemical, 2011, 152（2）: 162-167.

[110] ZHU G X, GUO L J, SHEN X P, et al. Monodispersed In_2O_3 mesoporous nanospheres: one-step facile synthesis and the improved gas-sensing performance [J]. Sensors and Actuators B: Chemical, 2015, 220: 977-985.

[111] KANETI Y V, ZAKARIA Q M D, ZHANG Z J, et al. Solvothermal synthesis of ZnO-decorated α-Fe_2O_3 nanorods with highly enhanced gas-sensing performance toward n-butanol [J]. Journal of Materials Chemistry A, 2014, 2（33）: 13283-13292.

[112] SENNIK E, KILINC N, OZTURK Z Z. Electrical and VOC sensing properties of anatase and rutile TiO_2 Nanotubes [J]. Journal of Alloys

and Compounds, 2014, 616: 89-96.

[113] SHEN Y B, FAN A F, WEI D Z, et al. A low-temperature n-propanol gas sensor based on TeO₂ nanowires as the sensing layer [J]. RSC Advances, 2015, 5 (37): 29126-29130.

[114] ZHANG HJ, WU R F, CHEN Z W, et al. Self-assembly fabrication of 3D flower-like ZnO hierarchical nanostructures and their gas sensing properties [J]. CrystEngComm, 2012, 14 (5): 1775-1782.

[115] HAN B Q, LIU X, XING X X, et al. A high response butanol gas sensor based on ZnO hollow spheres [J]. Sensors and Actuators B: Chemical, 2016, 237: 423-430.

[116] KANETI Y V, MORICEAU J, LIU M S, et al. Hydrothermal synthesis of ternary α-Fe₂O₃-ZnO-Au nanocomposites with high gas sensing performance [J]. Sensors and Actuators B: Chemical, 2015, 209: 889-897.

[117] LIU X, CHEN N, XING X X, et al. A high-performance n-butanol gas sensor based on ZnO nanoparticles synthesized by a low temperature solvothermal route [J]. RSC Advances, 2015, 5 (67): 54372-54378.

[118] QIN G H, GAO F, JIANG Q P, et al. Well-aligned Nd-doped SnO₂ nanorod layered arrays: preparation, characterization and enhanced alcohol-gas sensing performance [J]. Physical Chemistry Chemical Physics, 2016, 18 (7): 5537-5549.

[119] COSTELLO B P J D, EWEN R J, JONES P R H, et al. A study of the catalytic and vapour-sensing properties of zinc oxide and tin dioxide in relation to 1-butanol and dimethyldisulphide [J]. Sensors and Actuators B: Chemical, 1999, 61 (1-3): 199-207.

[120] YANG C W, QIN J Q, XUE Z, et al. Rational design of carbon-doped TiO₂ modified g-C₃N₄ via in-situ heat treatment for drastically improved

photocatalytic hydrogen with excellent photostability [J]. Nano Energy, 2017, 41: 1-9.

[121] SHAO J, SHENG W C, WANG M S, et al. In situ synthesis of carbon-doped TiO2 single-crystal nanorods with a remarkably photocatalytic efficiency [J]. Applied Catalysis B: Environmental, 2017, 209: 311-319.

[122] SAMBANDAM B, SURENJAN A, PHILIP L. Rapid synthesis of C-TiO2: tuning the shape from spherical to rice grain morphology for visible light photocatalytic application [J]. ACS Sustainable Chemistry & Engineering, 2015, 3 (7): 1321-1329.

[123] WANG S L, LI J, WANG S J, et al. Two-dimensional C/TiO2 heterogeneous hybrid for noble-metal-free hydrogen evolution [J]. ACS catalysis, 2017, 7 (10): 6892-6900.

[124] LIU R D, LI H, DUAN L B, et al. In situ synthesis and enhanced visible light photocatalytic activity of C-TiO2 microspheres/carbon quantum dots [J]. Ceramics International, 2017, 43 (12): 8648-8654.

[125] LIU J M, ZHANG Q C, YANG J C, et al. Facile synthesis of carbon-doped mesoporous anatase TiO2 for the enhanced visible-light driven photocatalysis [J]. Chemical Communications, 2014, 50 (90): 13971-13974.

[126] FOTIOU T, TRIANTIS T M, KALOUDIS T, et al. Assessment of the roles of reactive oxygen species in the UV and visible light photocatalytic degradation of cyanotoxins and water taste and odor compounds using C-TiO2 [J]. Water Research, 2016, 90: 52-61.

[127] HASSAN M E, CONG L C, LIU G L, et al. Synthesis and characterization of C-doped TiO2 thin films for visible-light-induced photocatalytic degradation of methyl orange [J]. Applied Surface

Science, 2014, 294: 89-94.

[128] YU S J, YUN H J, KIM Y H. Carbon-doped TiO₂ nanoparticles wrapped with nanographene as a high performance photocatalyst for phenol degradation under visible light irradiation [J]. Applied Catalysis B: Environmental, 2014, 144: 893-899.

[129] OH S M, HWANG J Y, YOON C S. High electrochemical performances of microsphere C-TiO₂ anode for sodium-ion battery [J]. ACS applied materials & interfaces, 2014, 6 (14): 11295-11301.

[130] YE Z B, TAI H L, XIE T, et al. A facile method to develop novel TiO₂/rGO layered film sensor for detecting ammonia at room temperature [J]. Materials Letters, 2016, 165 (15): 127-130.

[131] RAGHU A V, KARUPPANAN K K, PULLITHADATHIL B. Controlled carbon doping in anatase TiO₂ (101) facets: superior trace-level ethanol gas sensor performance and adsorption kinetics [J]. Advanced Materials Interfaces, 2019, 6 (4): 1801714-1-1801714-12.

[132] ETACHERI V, YOUREY J E, BARTLETT B M. Chemically bonded TiO₂-bronze nanosheet/reduced graphene oxide hybrid for high-power lithium ion batteries [J]. ACS Nano, 2014, 8 (2): 1491-1499.

[133] LIU W G, XU Y M, ZHOU W, et al. A facile synthesis of hierarchically porous TiO₂ microspheres with carbonaceous species for visible-light photocatalysis [J]. Journal of Materials Science & Technology, 2017, 33 (1): 39-46.

[134] KOU L, FRAUENHEIM T, ROSA A L, et al. Hybrid density functional calculations of formic acid on anatase TiO₂ (101) surfaces [J].The Journal of Physical Chemistry C, 2017, 121 (32): 17417-17420.

[135] DETTE C, PéREZ-OSORIO M A, MANGEL S, et al. Atomic structure of water monolayer on anatase TiO₂ (101) surface [J]. The Journal of

Physical Chemistry C，2018，122（22）：11954-11960.

[136] DU Z，ZHAO C H，CHEN J H，et al. DFT study of the interactions of H_2O，O_2 and $H_2O + O_2$ with TiO_2（101）Surface［J］. Computational Materials Science，2017，136：173-180.

[137] SEEKAEWA Y，WISITSORAATB A，PHOKHARATKULB D，et al. Room temperature toluene gas sensor based on TiO_2 nanoparticles decorated 3D graphene carbon nanotube nanostructures［J］. Sensors and Actuators B：Chemical，2019，279：69-78.

[138] LI X G，ZHAO Y Y，WANG X Y，et al. Reduced graphene oxide (rGO) decorated TiO_2 microspheres for selective room-temperature gas sensors［J］. Sensors and Actuators B：Chemical，2016，230：330-336.

[139] KALIDOSS R，UMAPATHY S，ANANDAN R，et al. Comparative study on the preparation and gas sensing properties of reduced graphene oxide/SnO_2 binary nanocomposite for detection of acetone in exhaled breath［J］. Analytical Chemistry，2019，91（8）：5116-5124.

[140] ZHANG L Z，FANG Q L，HUANG Y H，et al. Oxygen vacancy enhanced gas-sensing performance of CeO_2/graphene heterostructure at room temperature［J］. Analytical Chemistry，2018，90（16）：9821-9829.

[141] SUI L L，ZHANG X F，CHENG X L，et al. Au-loaded hierarchical MoO_3 hollow spheres with enhanced gas-sensing performance for the detection of bTX (benzene，toluene，and xylene) and the sensing mechanism［J］. ACS applied materials & interfaces，2017，9（2）：1661-1670.

[142] ZHU P H，WANG Y C，MA P，et al. Low-power and high-performance trimethylamine gas sensor based on n-n heterojunction microbelts of perylene diimide/CdS［J］. Analytical Chemistry，2019，91（9）：5591-5598.

[143] KIM K M, CHOI K I, JEONG H M, et al. Highly sensitive and selective trimethylamine sensors using Ru-doped SnO₂ hollow spheres[J]. Sensors and Actuators B: Chemical, 2012, 166: 733-738.

[144] ZHANG W H, ZHANG W D. Fabrication of SnO₂–ZnO nanocomposite sensor for selective sensing of trimethylamine and the freshness of fishes [J]. Sensors and Actuators B: Chemical, 2008, 134（2）: 403-408.

[145] CHO Y H, KANG Y C, LEE J H. Highly selective and sensitive detection of trimethylamine using WO₃ hollow spheres prepared by ultrasonic spray pyrolysis [J]. Sensors and Actuators B: Chemical, 2013, 176: 971-977.

[146] LOU Z, LI F, DENG J N. Branch-like hierarchical heterostructure (α-Fe₂O₃/TiO₂）a novel sensing material for trimethylamine gas sensor[J]. ACS applied materials & interfaces, 2013, 5（23）: 12310-12316.

[147] NA C W, PARK S Y, LEE J H. Punched ZnO nanobelt networks for highly sensitive gas sensors [J]. Sensors and Actuators B: Chemical, 2012, 174: 495-499.

[148] MENG D, LIU D Y, WANG G S, et al. In-situ growth of ordered Pd-doped ZnO nanorod arrays on ceramic tube with enhanced trimethylamine sensing performance [J]. Applied Surface Science, 2019, 463（1）: 348-356.

[149] LI F, GAO X, WANG R, et al. Design of core-shell heterostructure nanofibers with different work function and their sensing properties to trimethylamine [J]. ACS applied materials & interfaces, 2016, 8（30）: 19799-19806.

[150] LEE C S, KIM I D, LEE J H. Selective and sensitive detection of trimethylamine using ZnO-In₂O₃ composite Nanofibers [J]. Sensors and Actuators B: Chemical, 2013, 181: 463-470.

[151] ZHANG F D, DONG X, CHENG X L, et al. Enhanced gas-sensing

properties for trimethylamine at low temperature based on $MoO_3/Bi_2Mo_3O_{12}$ hollow microspheres [J]. ACS applied materials & interfaces, 2019, 11 (12): 11755-11762.

[152] SHAYEGAN Z, LEE C S, HAGHIGHAT F. TiO_2 photocatalyst for removal of volatile organic compounds in gas phase-A review [J]. Chemical Engineering Journal, 2018, 334: 2408-2439.

[153] LI H B, LI J, ZHU Y Y, et al. Cd^{2+}-doped amorphous TiO_2 hollow spheres for robust and ultrasensitive photoelectrochemical sensing of hydrogen sulfide [J]. Analytical Chemistry, 2018, 90 (8): 5496-5502.

[154] MALIK R, TOMER V K, JOSHI N, et al. Au-TiO_2-loaded cubic g-C_3N_4 nanohybrids for photocatalytic and volatile organic amine sensing applications [J]. ACS applied materials & interfaces, 2018, 10 (40): 34087-34097.

[155] TAN Y G, SHU Z, ZHOU J, et al. One-step synthesis of nanostructured g-C_3N_4/TiO_2 composite for highly enhanced visible-light photocatalytic H_2 evolution [J]. Applied Catalysis B: Environmental, 2018, 230: 260-268.

[156] SU R, TIRUVALAM R, LOGSDAIL A J, et al. Designer titania-supported Au-Pd nanoparticles for efficient photocatalytic hydrogen production [J]. Acs nano, 2014, 8 (4): 3490-3497.

[157] ZHANG Y, CUI W Q, AN W J, et al. Combination of photoelectrocatalysis and adsorption for removal of bisphenol A over TiO_2-graphene hydrogel with 3D network structure [J]. Applied Catalysis B: Environmental, 2018, 221: 36-46.

[158] YE M, GONG J, LAI Y, et al. High-efficiency photoelectrocatalytic hydrogen generation enabled by palladium quantum dots-sensitized TiO_2 nanotube arrays [J]. Journal of the American Chemical Society,

2012, 134（38）: 15720-15723.

[159] QIU B C, XING M Y, ZHANG J L. Mesoporous TiO₂ nanocrystals grown in situ on graphene aerogels for high photocatalysis and lithium-ion batteries[J]. Journal of the American Chemical Society, 2014, 136(16): 5852-5855.

[160] LIU H Q, CAO K Z, XU X H, et al. Ultrasmall TiO₂ nanoparticles in situ growth on graphene hybrid as superior anode material for sodium/ lithium ion batteries[J]. ACS applied materials & interfaces, 2015, 7(21): 11239-11245.

[161] LI B S, XI B J, FENG Z Y, et al. Hierarchical porous nanosheets constructed by graphene-coated interconnected TiO₂ nanoparticles for ultrafast sodium storage [J]. Advanced Materials, 2018, 30（10）: 1705788.

[162] BAI Y, MENG X Y, YANG S H. Interface engineering for highly efficient and stable planar p-i-n perovskite solar cells [J]. Advanced Energy Materials, 2018, 8（5）: 1701883.

[163] HAIDRY A A, XIE L J, WANG Z, et al. Remarkable improvement in hydrogen sensing characteristics with Pt/TiO₂ interface control [J]. ACS Sensors, 2019, 4（11）: 2997-3006.

[164] CHEN X X, SHEN Y B, ZHOU P F, et al. NO₂ sensing properties of one-pot-synthesized ZnO nanowires with Pd Functionalization [J]. Sensors and Actuators B: Chemical, 2019, 280: 151-161.

[165] YU J C, ZHANG L Z, ZHENG Z, et al. Synthesis and characterization of phosphated mesoporous titanium dioxide with high photocatalytic activity [J]. Chemistry of Materials, 2003, 15（11）: 2280-2286.

[166] JING L Q, ZHOU J, DURRANT J R, et al. Dynamics of photogenerated charges in the phosphate modified TiO₂ and the enhanced activity for photoelectrochemical water splitting [J]. Energy &

Environmental Science，2012，5（4）：6552-6558.

[167] LI Z H，LI J C，SONG L L，et al. Ionic liquid-assisted synthesis of WO_3 particles with enhanced gas sensing properties ［J］. Journal of Materials Chemistry A，2013，1（48）：15377-15382.

[168] CHEN Y，LI W Z，WANG J Y，et al. Microwave-assisted ionic liquid synthesis of Ti^{3+} self-doped TiO_2 hollow nanocrystals with enhanced visible-light photoactivity ［J］. Applied Catalysis B：Environmental，2016，191：94-105.

[169] PASZKIEWICZ M，ŁUCZAK J，LISOWSKI W，et al. The ILs-assisted solvothermal synthesis of TiO_2 spheres：The effect of ionic liquids on morphology and photoactivity of TiO_2［J］. Applied Catalysis B：Environmental，2016，184：223-237.

[170] LI Y Y，LI K，LUO Y Y，et al. Synthesis of Co_3O_4/ZnO nano-heterojunctions by one-off processing ZIF-8@ ZIF-67 and their gas-sensing performances for trimethylamine ［J］. Sensors and Actuators B：Chemical，2020，308：127657.

[171] MENG D，SI J P，WANG M Y，et al. In-situ growth of V_2O_5 flower-like structures on ceramic tubes and their trimethylamine sensing properties［J］. Chinese Chemical Letters，2020，31（8）：2133-2136.

[172] GAO M M，NG S W L，CHEN L W，et al. Self-regulating reversible photocatalytic-driven chromism of a cavity enhanced optical field TiO_2/CuO nanocomposite ［J］. Journal of Materials Chemistry A，2017，5（22）：10909-10916.

[173] XING Y L，WANG S B，FANG B Z，et al. N-doped hollow urchin-like anatase $TiO_2@C$ composite as a novel anode for Li-ion batteries ［J］. Journal of Power Sources，2018，385（1）：10-17.

[174] SUN L J，LIU W，WU R T，et al. Bio-derived yellow porous TiO_2：the lithiation induced activation of an oxygen-vacancy dominated TiO_2 lattice

evoking a large boost in lithium storage performance [J]. Nanoscale, 2020, 12（2）: 746-754.

[175] JALALI M, MOAKHAR R S, ABDELFATTAH T, et al. Nanopattern-assisted direct growth of peony-like 3D MoS₂/Au composite for nonenzymatic photoelectrochemical sensing [J]. ACS applied materials & interfaces, 2020, 12（6）: 7411-7422.

[176] GE W Y, JIAO S Y, CHANG Z, et al. Ultrafast response and high selectivity toward acetone vapor using hierarchical structured TiO₂ Nanosheets [J]. ACS applied materials & interfaces, 2020, 12（11）: 13200-13207.

[177] ZHANG Y S, LIU J X, QIAN K, et al. Structure sensitivity of Au-TiO₂ strong metal-support interactions [J]. Angewandte Chemie International Edition, 2021, 60（21）: 12074-12081.

[178] GAKHAR T, HAZRA A. Oxygen vacancy modulation of titania nanotubes by cathodic polarization and chemical reduction routes for efficient detection of volatile organic compounds [J]. Nanoscale, 2020, 12（16）: 9082-9093.

[179] ZHANG C, ZHOU Y M, BAO J H, et al. Hierarchical honeycomb Br-, N-codoped TiO₂ with enhanced visibleLight photocatalytic H-2 production [J]. ACS applied materials & interfaces, 2018, 10（22）: 18796-18804.

[180] SUN H Q, WANG S B, ANG H M, et al. Halogen element modified titanium dioxide for visible light photocatalysis [J]. Chemical Engineering Journal, 2010, 162（2）: 437-447.

[181] LI X H, ZHANG H D, ZHENG X X, et al. Visible light responsive N-F-codoped TiO₂ photocatalysts for the degradation of 4-chlorophenol [J]. Journal of Environmental Sciences, 2011, 23（11）: 1919-1924.

[182] YANG G D, WANG T, YANG B L, et al. Enhanced visible-light

activity of F-N co-doped TiO_2 nanocrystals via nonmetal impurity, Ti^{3+} ions and oxygen vacancies [J]. Applied Surface Science, 2013, 287: 135-142.

[183] SHEN Y F, XIONG T Y, DU H, et al. Investigation of Br-N Co-doped TiO_2 photocatalysts: preparation and photocatalytic activities under visible light[J]. Journal of Sol-Gel Science and Technology, 2009, 52(1): 41-48.

[184] ZHOU L, DENG J, ZHAO Y B, et al. Preparation and characterization of N-I co-doped nanocrystal anatase TiO_2 with enhanced photocatalytic activity under visible-light irradiation [J]. Materials Chemistry and Physics, 2009, 117 (2-3): 522-527.

[185] WANG X K, WANG C, ZHANG D. Sonochemical synthesis and characterization of Cl-N-codoped TiO_2 nanocrystallites [J]. Materials Letters, 2012, 72: 12-14.

[186] YU J C, YU J G, HO W K, et al. Effects of F-doping on the photocatalytic activity and microstructures of nanocrystalline TiO_2 powders [J]. Chemistry of Materials, 2002, 14 (9): 3808-3816.

[187] SONG S, TU J J, XU L J, ET AL. Preparation of a titanium dioxide photocatalyst codoped with cerium and iodine and its performance in the degradation of oxalic acid [J]. Chemosphere, 2008, 73 (9): 1401-1406.

[188] KUMAR S G, KOTESWARA R K S R. Comparison of modification strategies towards enhanced charge carrier separation and photocatalytic degradation activity of metal oxide semiconductors (TiO_2, WO_3 and ZnO) [J]. Applied Surface Science, 2017, 391: 124-148.

[189] ZHAO D, ZHANG X F, WANG W J, et al. Ionic liquid([C_{12}mim] [PF_6])-assisted synthesis of TiO_2 /$Ti_2O(PO_4)_2$ nanosheets and the chemoresistive gas sensing of trimethylamine [J]. Microchimica Acta,

2021，188（3）：74.

[190] KAUR J，ANAND K，KAUR A，et al. Sensitive and selective acetone sensor based on Gd doped WO₃/reduced graphene oxide nanocomposite [J]. Sensors and Actuators B：Chemical，2018，258：1022-1035.

[191] GE Y R，WEI Z，LI Y S，et al. Highly sensitive and rapid chemiresistive sensor towards trace nitro-explosive vapors based on oxygen vacancy-rich and defective crystallized In-doped ZnO [J]. Sensors and Actuators B：Chemical，2017，244：983-991.

[192] KIM W，CHOI M，YONG K J. Generation of oxygen vacancies in ZnO nanorods/films and their effects on gas sensing properties [J]. Sensors and Actuators B：Chemical，2015，209：989-996.

[193] PAN X Y，YANG M Q，FU X Z，et al. Defective TiO₂ with oxygen vacancies：synthesis，properties and photocatalytic applications [J]. Nanoscale，2013，5（9）：3601-3614.

[194] GUO Y，CHEN S W，YU Y G，et al. Hydrogen-location-sensitive modulation of the redox reactivity for oxygen-deficient TiO₂ [J]. Journal of the American Chemical Society，2019，141（21）：8407-8411.

[195] ZHANG C，LIU G F，GENG X，et al，M. Metal oxide semiconductors with highly concentrated oxygen vacancies for gas sensing materials：A review [J]. Sensors and Actuators，A. Physical，2020，309：112026.

[196] RI J S，LI X W，SHAO C L，et al. Sn-doping induced oxygen vacancies on the surface of the In₂O₃ nanofibers and their promoting effect on sensitive NO₂ detection at low temperature [J]. Sensors and Actuators B：Chemical，2020，317：128194.

[197] WANG J P，WANG Z Y，HUANG B B，et al. Oxygen vacancy induced band-gap narrowing and enhanced visible light photocatalytic Activity of ZnO [J]. ACS applied materials & interfaces，2012，4（8）：4024-4030.

[198] WANG J，JIANG L，ZHAO LJ，et al. Stabilized zirconia-based acetone sensor utilizing Fe_2TiO_5-TiO_2 sensing electrode for noninvasive diagnosis of diabetics［J］. Sensors and Actuators B：Chemical，2020，321：128489.

[199] LI C H，KOENIGSMANN C，DING W D，et al. Facet-dependent photoelectrochemical performance of TiO_2 nanostructures：an experimental and computational study［J］. Journal of the American Chemical Society，2015，137（4）：1520-1529.

[200] XU J Q，XUE Z G，QIN N，et al. The crystal facet-dependent gas sensing properties of ZnO nanosheets：experimental and computational study［J］. Sensors and Actuators B：Chemical，2017，242：148-157.

[201] YANG H G，SUN C H，QIAO S Z，et al. Anatase TiO_2 single crystals with a large percentage of reactive facets［J］. Nature，2008，453：638-641.

[202] LIU S W，YU J G，JARONIEC M. Tunable Photocatalytic Selectivity of Hollow TiO_2 Microspheres Composed of Anatase Polyhedra with Exposed (001) Facets［J］. Journal of the American Chemical Society，2010，132（34）：11914-11916.

[203] YANG Y，LIANG Y，WANG G Z，et al. Enhanced gas sensing properties of the hierarchical TiO_2 hollow microspheres with exposed high-energy（001）crystal facets［J］. ACS applied materials & interfaces，2015，7（44）：24902-24908.

[204] YANG Y，HONG A J，LIANG Y，et al. High-energy（001）crystal facets and surface fluorination engineered gas sensing properties of anatase titania nanocrystals［J］. Applied Surface Science，2017，423（30）：602-610.

[205] ZENG W，LIU T M，WANG Z C，et al. Oxygen Adsorption on Anatase TiO_2（101）and（001）Surfaces from First Principles［J］. Materials

Transactions, 2010, 51 (1) : 171-175.

[206] ZHU L, ZENG W, YE H, et al. Volatile organic compound sensing based on coral rock-like ZnO [J]. Materials Research Bulletin, 2018, 100: 259-264.

[207] CHEN J S, TAN Y L, LI C M, et al. Constructing hierarchical spheres from large ultrathin anatase TiO_2 nanosheets with nearly 100% exposed (001) facets for fast reversible lithium storage [J]. Journal of the American Chemical Society, 2010, 132 (17) : 6124-6130.

[208] LIU G, YANG H G, WANG X W, et al. Visible light responsive nitrogen doped anatase TiO_2 sheets with dominant (001) facets derived from TiN[J]. Journal of the American Chemical Society, 2009, 131(36): 12868-12869.

[209] WANG W C, LIU F Q, WANG B, et al. Effect of defects in TiO_2 nanoplates with exposed (001) facets on the gas sensing properties [J]. Chinese Chemical Letters, 2019, 30 (6) : 1261-1265.

[210] WANG X, WANG T K, SI G K, et al. Oxygen vacancy defects engineering on Ce-doped α-Fe_2O_3 gas sensor for reducing gases [J]. Sensors and Actuators B: Chemical, 2020, 302: 127165.

[211] WANG C Y, LI Y H, QIU P P, et al. Controllable synthesis of highly crystallized mesoporous TiO_2/WO_3 heterojunctions for acetone gas sensing[J]. Chinese Chemical Letters, 2020, 31 (5) : 1119-1123.

[212] WANG G X, FU Z Y, WANG T S, et al. A rational design of hollow nanocages Ag@CuO-TiO_2 for enhanced acetone sensing performance [J]. Sensors and Actuators B: Chemical, 2019, 295: 70-78.

[213] ZHU X C, ZHANG S, YU X N, et al. Controllable synthesis of hierarchical MnO_x/TiO_2 composite nanofibers for complete oxidation of low-concentration acetone [J]. Journal of Hazardous Materials, 2017, 337: 105-114.

[214] JIANG L L, TU S H, YU H T, et al. Gas sensitivity of heterojunction TiO₂NT/GO materials prepared by a simple method with low-concentration acetone ［J］. Ceramics International, 2020, 46（4）: 5344-5350.

[215] CHEN N, LI Y X, DENG D Y, et al. Acetone sensing performances based on nanoporous TiO₂ synthesized by a facile hydrothermal method［J］. Sensors and Actuators B: Chemical, 2017, 238: 491-500.

[216] NAVALE S T, YANG Z B, LIU C, et al. Enhanced acetone sensing properties of titanium dioxide nanoparticles with a sub-ppm detection limit［J］. Sensors and Actuators B: Chemical, 2018, 255: 1701-1710.